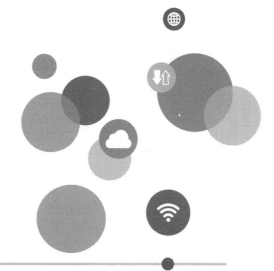

Spring Security
原理与实战

郑天民◎著

人民邮电出版社

北京

图书在版编目（CIP）数据

Spring Security原理与实战 / 郑天民著. -- 北京：
人民邮电出版社，2022.3
ISBN 978-7-115-57789-4

Ⅰ. ①S… Ⅱ. ①郑… Ⅲ. ①JAVA语言－程序设计
Ⅳ. ①TP312.8

中国版本图书馆CIP数据核字（2021）第224056号

内 容 提 要

　　本书主要介绍基于 Spring Security 构建系统安全性的技术体系和工程实践。围绕安全性需求，本书讨论 Spring Security 框架所提供的各项解决方案，包括认证、授权、加密、CSRF 保护、CORS、方法级安全访问、OAuth2 协议、微服务架构、JWT、单点登录等核心功能。同时，本书基于这些功能构建了完整的三个案例系统，并给出了具体的实现过程和示例代码。

　　本书面向广大服务端开发人员，读者不需要有很深的技术功底，也不限于特定的开发语言，但熟悉 Java EE 常见技术并掌握一定系统设计基本概念有助于更好地理解书中的内容。同时，本书也适合对安全性实现技术感兴趣的开发人员学习。

◆ 著　　　　郑天民

责任编辑　秦　健

责任印制　王　郁　焦志炜

◆ 人民邮电出版社出版发行　　北京市丰台区成寿寺路 11 号

邮编　100164　电子邮件　315@ptpress.com.cn

网址　https://www.ptpress.com.cn

天津翔远印刷有限公司印刷

◆ 开本：800×1000　1/16

印张：13.5　　　　　　　　2022 年 3 月第 1 版

字数：248 千字　　　　　　2022 年 3 月天津第 1 次印刷

定价：79.90 元

读者服务热线：**(010)81055410**　印装质量热线：**(010)81055316**

反盗版热线：**(010)81055315**

广告经营许可证：京东市监广登字 20170147 号

前　言

当前互联网行业飞速发展，快速的业务更新和产品迭代给系统开发过程和模式带来新的挑战。一般而言，日常开发过程中所涉及的业务系统或多或少都会有安全性相关的技术需求。从零开始构建安全性技术体系，并且做到没有安全漏洞并不是一件容易的事情。这时候就需要引入专业的安全性开发框架。而在 Java 领域中，Spring Security 是应用非常广泛的一个开发框架，也是 Spring 家族中历史比较悠久的一个框架。Spring Security 在日常开发过程中不仅可以与 Spring Boot 等框架无缝集成，而且它也是 Spring Cloud 等综合性开发框架的底层基础框架之一。Spring Security 的功能完备且强大。

本书主要介绍基于 Spring Security 构建系统安全性的技术体系和工程实践。围绕安全性需求，讨论 Spring Security 框架所提供的各项解决方案，并基于框架所提供的核心功能构建三个完整的案例系统。本书内容在组织结构上分为 5 篇，共计 16 章。

- 第 1 章从常见安全性需求出发，引出 Spring Security 框架的整体定位和安全解决方案。这一章作为开篇总领全书后续章节。
- 第 2 章首先介绍 Spring Security 内置的认证机制，包括 HTTP 基础认证和表单登录认证。其次讨论了与认证机制相关的用户信息存储方案和用户对象。最后给出了定制化用户认证方案的实现过程。
- 第 3 章分析了 Spring Security 中的权限和角色，并给出了基于配置方法控制访问权限的实现方法。同时对 Spring Security 的授权流程实现原理进行了深入分析。
- 第 4 章讲解了 Spring Security 中密码编码器的抽象过程和内置实现方案。同时分析了 Spring Security 的独立加密模块，该模块提供了通用的加解密器和键生成器。
- 第 5 章通过一个完整案例介绍了设计并开发一套自定义用户认证体系的实现方案，包括如何实现用户管理、认证流程和安全配置等。
- 第 6 章详细剖析了 Spring Security 所具备的过滤器架构，并提供了自定义过滤器的实现机制。同时分析了 Spring Security 目前已经内置的过滤器。
- 第 7 章分析了基于 Spring Security 提供 CSRF 保护和实现 CORS 的开发流程，这两种技术体系都基于第 6 章介绍的过滤器机制实现。
- 第 8 章分析了面向非 Web 应用程序的全局方法安全机制，并通过注解分别实现了方法级别授权和方法级别过滤。

- 第 9 章通过案例介绍了安全认证领域常见的多因素认证机制，包括用户名/密码认证，以及用户名/授权码认证。

- 第 10 章全面介绍了 OAuth2 协议的应用场景、角色、令牌（token）以及内置的授权模式。同时基于 Spring Security 构建了 OAuth2 授权服务器。

- 第 11 章介绍了 OAuth2 协议与微服务架构进行集成的系统方法，并基于 OAuth2 协议在微服务中嵌入了三种不同粒度的访问授权控制。

- 第 12 章介绍了 JWT 的基本结构和优势以及与 OAuth2 协议的整合过程，同时讨论了基于微服务架构在服务调用链路中有效传播 JWT 的实现方法。

- 第 13 章讲解了单点登录的架构和工作流程，并基于 OAuth2 协议分别实现了单点登录服务器端和客户端组件。

- 第 14 章讲述如何设计并实现一个完整的微服务系统，包括注册中心、配置中心和服务网关等基础设施类组件，并在安全授权控制中集成和扩展了 JWT。

- 第 15 章讲解了响应式编程和 Spring 框架提供的对应响应式组件。同时，围绕 Spring Security 给出了响应式用户认证、响应式授权机制以及响应式方法级别访问控制的实现方法。

- 第 16 章讲解了测试系统安全性的方法论以及 Spring Security 提供的测试解决方案。同时，基于 Spring Security 介绍了对用户、认证、方法级别安全以及 CSRF 和 CORS 配置进行测试的实现方法。

本书面向广大服务端开发人员，读者不需要有很深的技术功底，也不限于特定的开发语言，但熟悉 Java EE 常见技术并掌握一定系统设计基本概念将有助于更好地理解书中的内容。同时，本书也适合对安全性实现技术感兴趣的开发人员。通过本书的系统学习，读者将对 Spring Security 技术体系和实现机制有全面而深入的了解，为后续的工作和学习铺平道路。

在本书的撰写过程中，感谢我的家人，特别是妻子章兰婷女士在我占用大量晚上和周末时间的情况下能够给予极大的支持和理解。感谢以往及目前公司的同事。身处业界领先的公司和团队，我得到很多学习和成长的机会，没有大家的帮助，这本书不可能诞生。最后，感谢拉勾教育及人民邮电出版社异步社区的编辑团队。这本书能够顺利出版，离不开大家的帮助。

由于时间仓促，加之作者水平和经验有限，书中难免有欠妥和错误之处，恳请广大读者批评指正。

郑天民

于杭州钱江世纪城

作者介绍

　　郑天民，日本足利工业大学信息工程学硕士，拥有 10 余年软件行业从业经验，目前在一家大健康领域的创新型科技公司担任 CTO，负责产品研发与技术团队管理工作。开发过 10 余个面向研发人员的技术和管理类培训课程项目，在架构设计和技术管理方面具有丰富的经验和深入的理解。他还是阿里云 MVP、腾讯云 TVP、TGO 鲲鹏会会员。著有《Apache ShardingSphere 实战》《Spring 响应式微服务 Spring Boot 2+Spring 5+Spring Cloud 实战》《系统架构设计》《向技术管理者转型》《微服务设计原理与架构》《微服务架构实战》等图书。

资源与支持

本书由异步社区出品，社区（https://www.epubit.com/）为您提供相关资源和后续服务。

提交勘误

作者和编辑尽最大努力来确保书中内容的准确性，但难免会存在疏漏。欢迎您将发现的问题反馈给我们，帮助我们提升图书的质量。

当您发现错误时，请登录异步社区，按书名搜索，进入本书页面，单击"提交勘误"，输入勘误信息，单击"提交"按钮即可，如下图所示。本书的作者和编辑会对您提交的勘误进行审核，确认并接受后，您将获赠异步社区的 100 积分。积分可用于在异步社区兑换优惠券、样书或奖品。

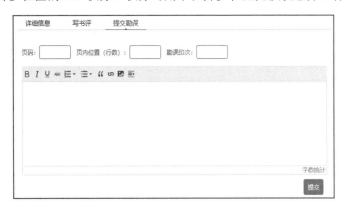

与我们联系

我们的联系邮箱是 contact@epubit.com.cn。

如果您对本书有任何疑问或建议，请您发邮件给我们，并请在邮件标题中注明本书书名，以便我们更高效地做出反馈。

如果您有兴趣出版图书、录制教学视频，或者参与图书翻译、技术审校等工作，可以发邮件给我们；有意出版图书的作者也可以到异步社区投稿（直接访问 www.epubit.com/contribute 即可）。

如果您所在的学校、培训机构或企业想批量购买本书或异步社区出版的其他图书，也可以发邮件给我们。

如果您在网上发现有针对异步社区出品图书的各种形式的盗版行为，包括对图书全部或部分内容的非授权传播，请您将怀疑有侵权行为的链接通过邮件发送给我们。您的这一举动是对作者权益的保护，也是我们持续为您提供有价值的内容的动力之源。

关于异步社区和异步图书

  "异步社区"是人民邮电出版社旗下 IT 专业图书社区，致力于出版精品 IT 图书和相关学习产品，为作译者提供优质出版服务。异步社区创办于 2015 年 8 月，提供大量精品 IT 图书和电子书，以及高品质技术文章和视频课程。更多详情请访问异步社区官网 https://www.epubit.com。

  "异步图书"是由异步社区编辑团队策划出版的精品 IT 专业图书的品牌，依托于人民邮电出版社几十年的计算机图书出版积累和专业编辑团队，相关图书在封面上印有异步图书的 LOGO。异步图书的出版领域包括软件开发、大数据、人工智能、测试、前端、网络技术等。

异步社区

微信服务号

目　录

第 1 篇　Spring Security 概述

第 2 篇　认证和授权

第 3 篇　扩展插件

第 4 篇　微服务安全

第 5 篇 响应式安全

第 1 篇

Spring Security 概述

本篇从常见安全性需求出发，引出 Spring Security 框架的整体定位和安全解决方案。围绕 Spring Security 所具备的各项安全性功能，本篇从单体应用、微服务架构及响应式系统出发，分别讨论了针对不同应用场景的功能体系。最后，作为一个方便使用的安全性开发框架，本篇对 Spring Security 的配置体系进行了重点介绍，配置体系是开发人员使用该框架的基本手段。

本篇共有 1 章，作为开篇总领全书后续章节。

第 1 章

直面 Spring Security

Spring Security 是 Spring 家族中历史比较悠久的框架之一，具备完整而强大的功能体系。对于日常开发过程中常见的单体应用、微服务架构，以及响应式系统，Spring Security 都能够进行无缝集成和整合，并提供多种常见的安全性功能。

本章作为全书的开篇，将对 Spring Security 的功能体系作简要介绍，并引出开发人员在使用该框架时所涉及的配置体系。本章的末尾还给出了全书的内容架构。

1.1 Spring Security 概览

一般而言，日常开发过程中涉及的业务系统或多或少都会有安全性相关的技术需求，其中最常见的就是用户认证和访问授权。设想一下，如果一个应用程序在认证和授权机制上存在漏洞，将可能泄露用户信息等敏感数据，给用户和公司造成巨大的损失，这样的系统肯定是无法面向生产的。

同时，人们也应该认识到，虽然认证和授权的概念比较简单，但要从零开始构建这些功能，并且做到没有安全漏洞并不是一件容易的事情。这时候需要引入专业的安全性开发框架。在 Java 领域中，Spring Security 就是一个应用非常广泛的安全性开发框架，也是 Spring 家族中历史比较悠久的一个框架。Spring Security 在日常开发过程中不仅可以与 Spring Boot 等框架无缝集成，而且是 Spring Cloud 等综合性开发框架的底层基础框架之一。Spring Security 的功能完备且强大。

可以说，如果没有 Spring Security，Spring 自身的安全性也将无法得到保障。任何使用 Spring

的地方，都会通过 Spring Security 对应用程序进行保护。作为开发人员，在日常开发过程中需要用到 Spring Security 的场景非常多。事实上，对 Web 应用程序而言，除了分布式环境下的认证和授权漏洞，常见的安全性问题还包括跨站点脚本攻击、跨站点请求伪造、敏感数据暴露、缺乏方法级访问控制等。针对这些安全性问题，开发人员都需要全面设计并实现对应的安全性功能，而 Spring Security 已经为开发人员提供了相应的解决方案，主要包括如下内容。

- 用户信息管理。
- 敏感信息加解密。
- 用户认证。
- 权限控制。
- 跨站点请求伪造保护。
- 跨域支持。
- 全局安全方法。
- 单点登录。

……

在普遍倡导用户隐私和数据价值的当下，掌握各种安全性相关技术已经成为开发人员必须具备的能力。

1.2 Spring Security 功能体系

在 Spring Boot 出现之前，Spring Security 就已经存在多年。但 Spring Security 的发展一直都不是很顺利，主要问题在于在应用程序中集成和配置 Spring Security 框架的过程比较复杂。随着 Spring Boot 的兴起，基于 Spring Boot 提供的针对 Spring Security 的自动配置方案，开发人员可以零配置使用 Spring Security。在 Spring Boot 应用程序中使用 Spring Security，只须在 Maven 工程的 pom 文件中添加如下依赖即可。

```
<dependency>
    <groupId>org.springframework.boot</groupId>
    <artifactId>spring-boot-starter-security</artifactId>
</dependency>
```

接下来我们构建一个简单的 HTTP 端点。

```
@RestController
public class DemoController {

    @GetMapping("/hello")
```

```
public String hello() {
    return "Hello World!";
    }
}
```

现在，启动该 Spring Boot 应用程序，通过浏览器访问"http://localhost:8080//hello"端点。大家可能希望得到"Hello World!"这个输出结果，但事实上，浏览器会跳转到图 1-1 所示的 Spring Security 内置的登录界面。

图 1-1　Spring Security 内置的登录界面

那么，为什么会弹出该登录界面呢？原因就在于人们添加 spring-boot-starter-security 依赖之后，Spring Security 为应用程序自动嵌入用户认证机制。

接下来我们将围绕该登录场景分析如何获取登录所需的用户名和密码。可以注意到 Spring Boot 的控制台启动日志中出现了如下日志：

```
Using generated security password: 707d7469-631f-4d92-ab71-3809620fe0dc
```

这行日志就是 Spring Security 生成的，用于表示创建了一个密码，而用户名则是系统默认的"user"。输入正确的用户名和密码，浏览器就会输出"Hello World!"这个结果。

上述过程演示的是 Spring Security 提供的认证功能，而其只是 Spring Security 众多功能中的一项基础功能。Spring Security 提供的是一套完整的安全性解决方案。面向不同的业务需求和应用场景，Spring Security 分别实现了对应的安全性功能。接下来我们将从单体应用、微服务架构及响应式系统三个维度对这些功能展开讨论。

1.2.1　Spring Security 与单体应用

在软件系统中，开发人员把需要访问的内容定义为资源（resource），而安全性设计的核心目标就是对这些资源进行保护，确保对它们的访问是安全受控的。例如，在 Web 应用程序中，对外暴露的 HTTP 端点就可以被理解为资源。针对资源的安全性访问，业界也存在一些常见的技术体系。在讲解这些技术体系之前，先来了解安全领域中常见但又容易混淆的两个概念——认证（authentication）和授权（authorization）。

人们首先需要明确"认证"的概念。所谓"认证"，解决的是"你是谁"这一问题。也就是说，对于每次访问请求，系统都能判断出访问者是否具有合法的身份标识。

一旦明确"你是谁"，下一步就可以判断"你能做什么"，这个步骤就是"授权"。通用的授权模型是基于权限管理体系的，也就是说，授权是对资源、权限、角色和用户的一种组合处理。

如果将认证和授权结合起来，就构成了对系统中资源进行安全性管理的常见的一种解决方案，即首先判断资源访问者的有效身份，然后确定其是否有访问这个资源的合法权限，如图 1-2 所示。

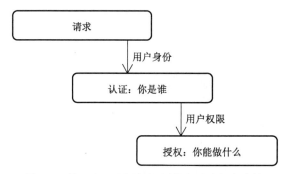

图 1-2 基于认证和授权机制的资源访问安全性

图 1-2 所示为一种通用解决方案。在不同的应用场景及技术体系下该解决方案可以衍生出不同的实现策略。Web 应用系统中的认证和授权模型与图 1-2 中的类似，但在具体设计和实现过程中也有其特殊性。

认证的需求相对比较明确。人们需要构建一套完善的存储体系来保存和维护用户信息，并确保这些用户信息在处理请求的过程中能够得到合理利用。

而对于授权，情况可能会比较复杂。对某个特定的 Web 应用程序而言，人们面临的第一个问题是判断一个 HTTP 请求是否具备访问自己的权限。或更进一步，即使该请求具备访问 Web 应用程序的权限，但并不意味着请求能够访问 Web 应用程序所暴露的所有 HTTP 端点。对于某些核心功能，需要具备较高的权限才能访问，而有些功能则不需要。这就是人们需要解决的第二个问题，即如何对访问的权限进行精细化管理，如图 1-3 所示。

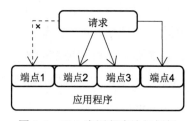

图 1-3 Web 应用程序访问授权

在图 1-3 中，假设请求具备访问 Web 应用程序中端点 2、3、4 的权限，但不具备访问端点 1 的权限。想要达到这种效果，一般的做法是引入角色体系，即对不同的用户设置不同等级的角色，角色等级不同对应的访问权限也不同，而每个请求都可以绑定到某个或多个角色。

接下来，把认证和授权结合起来，就可以梳理出 Web 应用程序访问场景下的安全性实现方案，如图 1-4 所示。

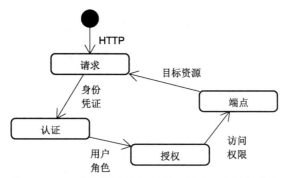

图 1-4　Web 应用程序访问场景下的认证和授权整合

可以看到，用户先通过请求传递用户身份凭证并完成用户认证，然后根据该用户所具备的用户角色来获取访问权限，并最终完成对 HTTP 端点的访问授权。

围绕认证和授权，还需要一系列的额外功能才能确保整个流程得以实现。这些功能包括用于密码保护的加解密机制、用于实现方法级的安全访问策略及支持跨域等。这些功能在本书中都会一一展开讨论。

1.2.2　Spring Security 与微服务架构

对微服务架构而言，情况比 Web 应用程序复杂很多，因为其涉及服务与服务之间的调用关系。这里继续沿用"资源"这个概念，对应到微服务系统中，服务提供者所充当的角色就是资源服务器，而服务消费者就是客户端。所以，各个服务本身既可以是客户端，也可以是资源服务器，或者两者兼之。

接下来我们把认证和授权结合起来，可以梳理出微服务访问场景下的安全性实现方案，如图 1-5 所示。

可以看到，与 Web 应用程序相比，在微服务架构中，由于开发人员需要把认证和授权的过程进行集中化管理，所以在图 1-5 中出现了一个授权中心。授权中心首先会获取客户端请求中的身份凭证信息，然后基于该身份凭证信息生成一个令牌（Token），该令牌包含访问权限范围和有效期。

客户端获取令牌之后就可以基于该令牌发起对微服务的访问。这时资源服务器需要对该令牌进行认证，并根据令牌的权限范围和有效期从授权中心获取该请求所能访问的特定资源。在微服务系统中，对外的资源表现形式同样可以理解为一个个 HTTP 端点。

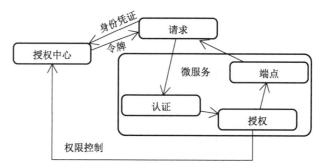

图 1-5　微服务访问场景下的认证和授权整合

图 1-5 中的关键点在于构建用于生成和验证令牌的授权中心，为此需要引入 OAuth2 协议。OAuth2 协议在客户端和资源服务器之间设置了一个授权层，并确保令牌能够在各个微服务之间有效传递，如图 1-6 所示。

图 1-6　OAuth2 协议在微服务访问场景中的应用

OAuth2 是一个相对复杂的协议，综合应用摘要认证、签名认证、HTTPS 等安全性手段，需要提供令牌生成、校验及公（私）钥管理等功能，同时也需要开发者入驻并进行权限粒度控制。人们一般不会自己去实现如此复杂的协议，而是倾向于借助特定工具以避免重复"造轮子"。Spring Security 为人们提供了实现这一协议的完整解决方案。该解决方案完成适用于微服务系统的认证和授权机制。

1.2.3　Spring Security 与响应式系统

随着 Spring 5 的发布，我们迎来了响应式编程（reactive programming）的全新发展时期。响应式编程是 Spring 5 核心的新功能，也是 Spring 家族目前重点推广的技术体系之一。Spring 5 中的响应式编程模型以 Project Reactor 库为基础，而后者则实现了响应式流规范。事实上，Spring Boot 从 2.x 版本开始也全面依赖于 Spring 5。同样，在 Spring Security 中，用户账户体系的建立、用户认证和授权、方法级别的安全访问、OAuth2 协议等传统开发模式下所具备的安全性功能也都具备对应的响应式版本。

1.3 Spring Security 配置体系

在介绍 Spring Security 各项功能的具体使用方法之前，我们有必要进一步了解它的配置体系。在 Spring Security 中，关于认证和授权等基础功能的实现都依赖开发人员如何合理利用和扩展其配置体系。那么，Spring Security 为什么需要构建这种配置体系呢？主要在于针对认证和授权等功能，通常都存在不止一种的实现方式。

例如，针对用户账户存储这个切入点，就可以设计出多种不同的策略。作为一种轻量级的实现方式，人们可以把用户名和密码保存在内存中。更常见的方式是，把这些认证信息存储在关系型数据库中。当然，如果使用了轻量级目录访问协议（Lightweight Directory Access Protocol，LDAP），那么文件系统也是一种不错的存储媒介。显然，针对这些可选的实现方式，需要为开发人员提供一种机制以便根据自身的需求灵活设置，这就是配置体系的作用。

同时，读者可能已注意到，在前面的示例中，我们并没有进行任何配置也能让 Spring Security 发挥作用，这说明框架内部的功能采用默认配置。就用户认证这一场景而言，Spring Security 初始化了一个默认的用户名 "user"，并在应用程序启动时自动生成密码。当然，通过这种方式自动生成的密码在每次启动应用时都会变化，不适合面向正式的应用。

通过查看框架的源码我们可以进一步理解 Spring Security 中的一些默认配置。在 Spring Security 中，初始化用户信息所依赖的配置类是 WebSecurityConfigurer 接口，该接口实际上是一个空接口，它继承了更为基础的 SecurityConfigurer 接口。在日常开发过程中，开发人员通常不需要自己实现该接口，而是使用 WebSecurityConfigurerAdapter 配置适配器类来简化该配置类的使用方式。WebSecurityConfigurer Adapter 的 configure()方法如下所示。

```
protected void configure(HttpSecurity http) throws Exception {

    http
        .authorizeRequests()
        .anyRequest()
          .authenticated()
            .and()
        .formLogin()
            .and()
        .httpBasic();
}
```

上述代码就是 Spring Security 中作用于用户认证和访问授权的默认实现。这里用到多个常见的配置方法。根据 1.2 节的介绍，一旦在代码类路径中引入 Spring Security 框架，访问任何端点时都会弹出一个登录界面以完成用户认证。认证是授权的前置流程，认证结束之后进入授权环节。结合这些配置方法的名称，接下来我们简单分析一下这种默认效果的实现过程。

首先，通过 HttpSecurity 类的 authorizeRequests()方法对所有访问 HTTP 端点的 HttpServletRequest 进行限制。其次，anyRequest().authenticated()语句指定对所有请求都执行认证，也就是说，没有通过认证的用户无法访问任何端点。再次，formLogin()语句指定使用表单登录方式进行认证，此时会弹出一个登录界面。最后，httpBasic()语句表示可以使用 HTTP 基础认证（basic authentication）方法来完成认证。

在日常开发过程中，开发人员可以继承 WebSecurityConfigurerAdapter 类并且覆写上述的 configure()方法来完成配置工作。而 Spring Security 拥有一批类似于 WebSecurityConfigurerAdapter 的配置适配器类。

配置体系是开发人员使用 Spring Security 框架的主要手段之一。关于配置体系的讨论将贯穿全书。我们将见识到 Spring Security 提供的全面而灵活的配置功能。

1.4 全书内容架构

图 1-7 归纳了本书内容的架构。第 1 篇（第 1 章）引入了 Spring Security 这个主流的安全性开发框架。而剩下的其他章节将按照认证和授权→扩展插件→微服务安全→响应式安全的主线来展开内容，呈递进关系。

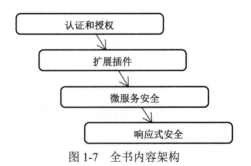

图 1-7   全书内容架构

第 2 篇（第 2 章～第 5 章）将介绍 Spring Security 的一些基础性功能，包括认证、授权和加密等。这些功能是 Spring Security 框架的入口，也是框架的其他功能的依赖。该篇不仅仅会介绍它们的使用方法，而且会进一步讨论其原理。

第 3 篇（第 6 章～第 9 章）介绍的功能面向特定需求，可以用于构建比较复杂的应用场景，包括过滤器、CSRF 保护、跨域 CORS，以及针对非 Web 应用程序的全局方法安全机制。

第 4 篇（第 10 章～第 14 章）注重介绍微服务开发框架 Spring Cloud 与 Spring Security 之间的整合，同时对 OAuth2 协议和 JWT 进行了全面介绍，并使用这些技术体系构建了安全的微服务系统，以及单点登录系统。

第 5 篇（第 15 章和第 16 章）介绍 Spring Security 框架在应用上的一些扩展内容，包括如何在 Spring Security 中引入全新的响应式编程技术，以及如何对应用程序安全性进行测试。

1.5　本章小结

本章通过一个简单案例引入 Spring Security 框架，并基于日常开发的安全需求剖析了 Spring Security 框架所具备的功能体系。不同的功能对应不同的应用场景，在普通的 Web 应用程序、微服务架构、响应式系统中都可以使用 Spring Security 框架所提供的功能以确保系统的安全性。同时，Spring Security 中关于认证、授权等核心功能的实现都是通过配置体系来定制化开发和管理的，本章也对 Spring Security 所具备的配置体系做了展开介绍。

第 2 篇

认证和授权

本篇全面介绍了 Spring Security 框架所具备的认证和授权功能。通过本篇的学习，读者可以在日常开发过程中完成对用户身份认证、访问授权，以及集成加密机制，从而为 Web 应用程序添加基础的安全性功能。本篇包括以下 4 章内容。

- 第 2 章首先介绍了 Spring Security 内置的认证机制，包括 HTTP 基础认证和表单登录认证；其次讨论了与认证机制相关的用户对象和用户信息存储方案；最后给出了定制化用户认证方案的实现过程。

- 第 3 章分析了 Spring Security 中的权限和角色，并给出了基于配置体系控制访问权限的实现方法。同时对 Spring Security 的授权流程实现原理进行了深入分析。

- 第 4 章讲解了 Spring Security 中密码编码器的抽象过程和内置实现方案。同时分析了 Spring Security 的独立加密模块，该模块提供了通用的加解密器和键生成器。

- 第 5 章实现自定义用户认证体系。通过一个完整案例介绍了设计并开发一套自定义用户认证体系的实现方案，包括如何实现用户管理、认证流程和安全配置等。

第 2 章

用户认证

第 1 章引入了 Spring Security 框架，并梳理了它所具备的各项核心功能。从本章开始，我们将对这些功能展开介绍，首先讨论的是用户认证功能。

用户认证涉及用户账户体系的构建，是实现授权管理的前提。在 Spring Security 中，与用户认证相关的核心概念包括用户对象和认证对象、用户信息存储和认证方式，如图 2-1 所示。

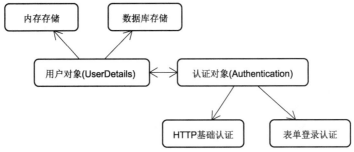

图 2-1 Spring Security 中与用户认证相关的核心概念

在 Spring Security 中，开发人员使用用户认证功能的基本方式进行配置。本章接下来的内容将结合 Spring Security 框架提供的配置体系来阐述图 2-1 中的核心概念的作用。

2.1 HTTP 基础认证和表单登录认证

第 1 章在讲解 Spring Security 具备的配置体系时提到 httpBasic()和 formLogin()两种用于控制用户认证的配置方法，它们分别代表了 HTTP 基础（HTTP Basic）认证和表单登录（Form Login）

认证。本节将讲解这两种常见认证方式的实现过程。当然，在构建 Web 应用程序时，也可以在 Spring Security 所提供的认证机制的基础上进行扩展以满足日常开发需求。

2.1.1　HTTP 基础认证

HTTP 基础认证的原理比较简单，只是通过 HTTP 的消息头携带用户名和密码进行登录验证。第 1 章已经通过浏览器简单验证了用户登录操作，而本章将引入 Postman 可视化 HTTP 请求工具来对登录的请求和响应过程做进一步分析。Postman 提供了强大的 Web API 和 HTTP 请求调试功能，界面简洁明晰，操作也比较方便快捷和人性化。Postman 能够发送任何类型的 HTTP 请求（如 GET、HEAD、POST、PUT 等），并且能附带任何数量的参数和 HTTP 请求头（Header）。本书后续内容将大量使用这款工具来演示如何发送 HTTP 请求和获取响应结果。

当在代码中引入 Spring Security 依赖，并通过 Postman 直接访问第 1 章展示的"http://localhost: 8080/hello"端点时，会得到如下所示的响应结果。

```
{
    "timestamp": "2021-02-08T03:45:21.512+00:00",
    "status": 401,
    "error": "Unauthorized",
    "message": "",
    "path": "/hello"
}
```

显然，HTTP 的 401 响应码告诉用户没有访问该地址的权限。同时，在响应头中出现了一个"WWW-Authenticate"消息头，其值为"Basic realm='Realm'"，其中，Realm 表示 Web 服务器中受保护资源的安全域。

接下来，执行 HTTP 基础认证。具体做法是在 Postman 中设置认证类型为"Basic Auth"，并输入对应的用户名和密码来完成对 HTTP 端点的访问，如图 2-2 所示。

图 2-2　使用 Postman 完成 HTTP 基础认证信息的设置

现在查看 HTTP 请求，可以看到请求中添加了 Authorization 消息头，该消息头的具体格式如下。

```
Authorization: <type> <credentials>
```

其中，type 就是"Basic"，而 credentials 为如下所示的一个字符串。

```
dXNlcjo5YjE5MWMwNC1lNWMzLTQ0YzctOGE3ZS0yNWNkMjY3MmVmMzk=
```

该字符串是将用户名和密码组合在一起再经过 Base64 编码后得到的结果。注意，由于 Base64 只是一种编码方式，并没有集成加密机制，所以本质上基于 HTTP 基础认证机制所传输的消息内容还是明文形式。

介绍完 HTTP 基础认证的概念，接下来我们了解它的使用方式。在应用程序中启用 HTTP 基础认证还是比较简单的，只须在 WebSecurityConfigurerAdapter 的 configure()方法中添加如下配置即可。

```
protected void configure(HttpSecurity http) throws Exception {
    http.httpBasic();
}
```

因为 HTTP 基础认证比较简单，没有定制的登录页面，所以单独使用的场景比较有限。在使用 Spring Security 时，通常会把 HTTP 基础认证和 2.1.2 节要介绍的表单登录认证结合使用。

2.1.2 表单登录认证

在 WebSecurityConfigurerAdapter 的 configure()方法中，我们一旦配置了 HttpSecurity 的 formLogin()方法，就会启动表单登录认证，如下所示。

```
protected void configure(HttpSecurity http) throws Exception {
    http.formLogin();
}
```

formLogin()方法的执行效果是提供一个默认的登录界面，如图 2-3 所示。

图 2-3　Spring Security 默认的登录界面

对日常开发而言，该登录界面一般根据业务场景进行定制化处理。同时，也需要对登录的过程和结果进行细化控制。这时可以通过如下所示的配置内容来修改系统的默认配置。

```
@Override
protected void configure(HttpSecurity http) throws Exception {

    http
    .formLogin()
    .loginPage("/login.html")//自定义登录页面
    .loginProcessingUrl("/action")//登录表单提交时的处理地址
    .defaultSuccessUrl("/index");//登录认证成功后的跳转页面
}
```

这里指定了自定义的登录页面及登录请求处理地址。此外，还可以设置登录成功后的跳转页面。

2.2   配置 Spring Security 用户认证体系

2.1 节介绍了 Spring Security 所提供的主流认证方式，本节将介绍用户认证体系。如果要改变 Spring Security 提供的默认登录用户名和密码，最简单的方法是使用配置文件。以 Spring Boot 应用程序为例，可以在 application.yml 文件中添加如下所示的配置项。

```
spring:
  security:
    user:
      name: spring
      password: spring_password
```

上述配置项覆写了 Spring Security 默认登录用户名和密码。重启应用后，就可以使用新的用户名和密码完成登录。基于配置文件的用户信息存储方案简单直接，但缺乏灵活性。因此，在现实中，主要使用 WebSecurityConfigurerAdapter 配置适配器类来改变默认的配置行为。

注意，在 WebSecurityConfigurerAdapter 配置适配器类中存在一组 configure()方法。针对认证环节的 configure()方法签名如下所示，其中传入的参数是一个 HttpSecurity 对象。

```
protected void configure(HttpSecurity http) throws Exception
```

认证过程涉及与 Spring Security 中用户信息的交互，可以通过继承 WebSecurityConfigurerAdapter 配置适配器类，并且覆写其中的另一个 configure()方法来完成对用户信息的配置工作。该 configure()方法的定义如下所示。

```
protected void configure(AuthenticationManagerBuilder auth) throws Exception
```

针对上述 configure()配置方法，首先明确配置的内容。实际上，初始化用户信息非常简单，只需要指定用户名（Username）、密码（Password）和角色（Role）这三项数据即可。在 Spring Security

中，AuthenticationManagerBuilder 工具类为开发人员提供基于内存、JDBC、LDAP 等的多种验证方案。接下来我们将围绕 AuthenticationManagerBuilder 提供的功能来实现常用的用户信息存储方案。

2.2.1 使用基于内存的用户信息存储方案

那么，如何使用 AuthenticationManagerBuilder 工具类来完成基于内存的用户信息存储方案呢？调用 AuthenticationManagerBuilder 的 inMemoryAuthentication()方法即可，如下所示。

```
@Override
protected void configure(AuthenticationManagerBuilder builder) throws Exception {
        builder.inMemoryAuthentication()
            .withUser("spring_user").password("password1")
            .roles("USER")
                .and()
            .withUser("spring_admin").password("password2")
            .roles("USER", "ADMIN");
}
```

在上述代码中，系统存在"spring_user"和"spring_admin"两个用户，其密码分别是"password1"和"password2"，在角色上分别代表着普通用户"USER"和管理员"ADMIN"。

注意，这里的 roles()方法背后使用的实际上是 authorities()方法。通过 roles()方法，Spring Security 会为每个角色名称自动添加"ROLE_"前缀，所以也可以通过如下所示的代码实现同样的功能。

```
@Override
protected void configure(AuthenticationManagerBuilder builder) throws Exception {
        builder.inMemoryAuthentication()
            .withUser("spring_user").password("password1")
            .authorities("ROLE_USER")
                .and()
            .withUser("spring_admin").password("password2")
            .authorities("ROLE_USER", "ROLE_ADMIN");
}
```

可以看到，基于内存的用户信息存储方案比较简单，但同样缺乏灵活性，因为用户信息是固定在代码中的。此时可以使用 2.2.2 节将介绍的更为常见和通用的用户信息存储方案——数据库存储。

2.2.2 使用基于数据库的用户信息存储方案

在使用基于数据库的用户信息存储方案中，人们把用户信息保存在关系型数据库中。既然将用户信息存储在数据库中，势必需要创建表结构。可以在 Spring Security 的源码文件

org/springframework/security/core/userdetails/jdbc/users.ddl 中找到对应的 SQL 语句，如下所示。

```
create table users(username varchar_ignorecase(50) not null primary key,password varchar_
ignorecase(500) not null,enabled boolean not null);

create table authorities (username varchar_ignorecase(50) not null,authority varchar_
ignorecase(50) not null,constraint fk_authorities_users foreign key(username) references
users(username));

create unique index ix_auth_username on authorities (username,authority);
```

一旦在数据库中创建了这两张表，并添加了相应的数据，就可以直接通过注入一个 DataSource 对象查询用户数据，如下所示。

```
@Autowired
DataSource dataSource;

@Override
protected void configure(AuthenticationManagerBuilder auth) throws Exception {

    auth.jdbcAuthentication().dataSource(dataSource)
        .usersByUsernameQuery("select username, password, enabled from Users " + "where
username=?")
        .authoritiesByUsernameQuery("select username, authority from UserAuthorities
" + "where username=?")
        .passwordEncoder(new BCryptPasswordEncoder());
}
```

这里使用了 AuthenticationManagerBuilder 的 jdbcAuthentication()方法来配置数据库认证方式，而内部则使用了 JdbcUserDetailsManager 工具类。该类定义了各种用于数据库查询的 SQL 语句，部分 SQL 语句如下所示。

```
// UserDetailsManager SQL
public static final String DEF_CREATE_USER_SQL = "insert into users (username, password,
enabled) values (?,?,?)";
public static final String DEF_DELETE_USER_SQL = "delete from users where username = ?";
public static final String DEF_UPDATE_USER_SQL = "update users set password = ?, enabled
= ? where username = ?";
public static final String DEF_INSERT_AUTHORITY_SQL = "insert into authorities (username,
authority) values (?,?)";
public static final String DEF_DELETE_USER_AUTHORITIES_SQL = "delete from authorities
where username = ?";
public static final String DEF_USER_EXISTS_SQL = "select username from users where
username = ?";
public static final String DEF_CHANGE_PASSWORD_SQL = "update users set password = ? where
username = ?";
```

Spring Security 使用 Spring 的 JdbcTemplate 模板工具类完成对数据库的具体操作。注意，在 AuthenticationManagerBuilder 中还用到一个 passwordEncoder()方法，它是 Spring Security 提供的一个密码加解密器，第 4 章讲解密码安全时会对其进行详细介绍。

2.3　Spring Security 中的用户对象和认证对象

现在，人们已经可以存储用户信息并基于这些信息完成认证过程。Spring Security 针对用户认证过程做了高度抽象，以确保开发过程简单而高效。为了更好地理解 Spring Security 的实现原理，我们有必要梳理与用户认证过程相关的核心对象。这些对象分成两大类，一类是用户对象，另一类是认证对象。本节内容将围绕这两大类对象展开讨论。

2.3.1　Spring Security 中的用户对象

Spring Security 中的用户对象用来描述用户并完成对用户信息的管理，涉及 UserDetails、GrantedAuthority、UserDetailsService 和 UserDetailsManager 这 4 个核心用户对象。

- UserDetails：描述 Spring Security 中的用户。
- GrantedAuthority：定义用户所能执行的操作权限。
- UserDetailsService：定义对 UserDetails 的查询操作。
- UserDetailsManager：扩展 UserDetailsService，添加创建用户、修改用户密码等功能。

这 4 个用户对象之间的关联关系如图 2-4 所示。显然，由 UserDetails 对象所描述的一个用户应该具有 1 个或多个能够执行的 GrantedAuthority。

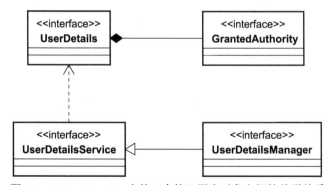

图 2-4　Spring Security 中的 4 个核心用户对象之间的关联关系

首先了解承载用户详细信息的 UserDetails 接口，该接口定义如下。

```
public interface UserDetails extends Serializable {
    //获取该用户的权限信息
    Collection<? extends GrantedAuthority> getAuthorities();

    //获取密码
    String getPassword();

    //获取用户名
```

```
    String getUsername();

    //判断该账户是否已失效
    boolean isAccountNonExpired();

    //判断该账户是否已被锁定
    boolean isAccountNonLocked();

    //判断该账户的凭证信息是否已失效
    boolean isCredentialsNonExpired();

    //判断该用户是否可用
    boolean isEnabled();
}
```

通过 UserDetails，我们可以获取用户相关的基础信息，并判断其当前状态。同时，UserDetails 保存着一组 GrantedAuthority 对象。而 GrantedAuthority 指定了一个用来获取权限信息的方法，如下所示。

```
public interface GrantedAuthority extends Serializable {

    //获取权限信息
    String getAuthority();
}
```

UserDetail 存在一个子接口 MutableUserDetails，从名称上不难看出后者是一个可变的 UserDetails，而可变的内容就是密码。MutableUserDetails 接口的定义如下所示。

```
interface MutableUserDetails extends UserDetails {

    //设置密码
    void setPassword(String password);
}
```

如果想在应用程序中创建一个 UserDetails 对象，可以使用如下所示的链式语法来指定用户名、密码、权限、状态等相关信息。

```
UserDetails user = User.withUsername("jianxiang")
    .password("123456")
    .authorities("read", "write")
    .accountExpired(false)
    .disabled(true)
    .build();
```

Spring Security 专门提供了一个 UserBuilder 对象来辅助构建 UserDetails，使用方式也类似。

```
User.UserBuilder builder = User.withUsername("jianxiang");

UserDetails user = builder
    .password("12345")
    .authorities("read", "write")
    .accountExpired(false)
```

```
    .disabled(true)
    .build();
```

那么，如何管理 UserDetails 对象呢？Spring Security 专门提供了一个 UserDetailsService 接口来管理 UserDetails。

```java
public interface UserDetailsService {

    //根据用户名获取用户信息
    UserDetails loadUserByUsername(String username) throws UsernameNotFoundException;
}
```

而 UserDetailsManager 继承了 UserDetailsService 接口，并提供了一系列针对 UserDetails 的操作方法，如下所示。

```java
public interface UserDetailsManager extends UserDetailsService {

    //创建用户
    void createUser(UserDetails user);

    //更新用户
    void updateUser(UserDetails user);

    //删除用户
    void deleteUser(String username);

    //修改密码
    void changePassword(String oldPassword, String newPassword);

    //判断指定用户名的用户是否存在
    boolean userExists(String username);
}
```

这样，用户相关的几个核心对象之间的关联关系就明确了，接下来我们进一步明确具体的实现过程。在引出 UserDetailsManager 之后，我们首先了解一下它的两个实现类——基于内存存储的 InMemoryUserDetailsManager 和基于关系型数据库存储的 JdbcUserDetailsManager。这里将以 JdbcMemoryUserDetailsManager 为例展开分析，它的 createUser()方法如下所示。

```java
public void createUser(final UserDetails user) {
    validateUserDetails(user);

    getJdbcTemplate().update(createUserSql, ps -> {
        ps.setString(1, user.getUsername());
        ps.setString(2, user.getPassword());
        ps.setBoolean(3, user.isEnabled());

        int paramCount = ps.getParameterMetaData().getParameterCount();
        if (paramCount > 3) {
            ps.setBoolean(4, !user.isAccountNonLocked());
            ps.setBoolean(5, !user.isAccountNonExpired());
            ps.setBoolean(6, !user.isCredentialsNonExpired());
        }
```

```
    });

    if (getEnableAuthorities()) {
        insertUserAuthorities(user);
    }
}
```

可以看到，这里直接使用 Spring 框架中的 JdbcTemplate 模板工具类来实现数据的插入，同时完成 GrantedAuthority 的存储。

在 Spring Security 中，UserDetailsManager 是一条相对独立的代码线，为了完成用户信息的配置，还存在另一条代码支线——UserDetailsManagerConfigurer。该类维护了一个 UserDetails 列表，并提供了一组 withUser()方法完成用户信息的初始化，如下所示。

```
private final List<UserDetails> users = new ArrayList<>();

public final C withUser(UserDetails userDetails) {
    this.users.add(userDetails);
    return (C) this;
}
```

withUser()方法返回的是一个 UserDetailsBuilder 对象，该对象内部使用了前面介绍的 UserBuilder 对象，因此可以使用类似.withUser("spring_user").password("password1").roles("USER")的链式语法来完成用户信息的设置。这就是 2.2.1 节介绍基于内存的用户信息存储方案时所使用的方法。

Spring Security 中与用户对象相关的实现类之间的关联关系如图 2-5 所示。

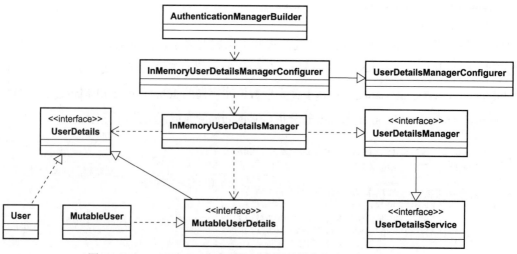

图 2-5　Spring Security 中与用户对象相关的实现类之间的关联关系

2.3.2　Spring Security 中的认证对象

有了用户对象，接下来我们就可以讨论具体的认证实现过程了。首先认识认证对象 Authentication，如下所示。

```
public interface Authentication extends Principal, Serializable {

    //安全主体所具有的权限
    Collection<? extends GrantedAuthority> getAuthorities();

    //证明主体有效性的凭证
    Object getCredentials();

    //认证请求的明细信息
    Object getDetails();

    //主体的标识信息
    Object getPrincipal();
    //是否认证通过
    boolean isAuthenticated();

    //设置认证结果
    void setAuthenticated(boolean isAuthenticated) throws IllegalArgumentException;
}
```

Authentication 对象代表认证请求本身，并保存该请求访问应用程序过程中所涉及的各个实体的详细信息。在安全领域，对 Web 应用程序发起访问请求的用户通常被称为主体（principal）。JDK 存在一个同名的接口，而 Authentication 则扩展了这个接口。

因为 Authentication 只代表了认证请求本身，所以具体执行认证的过程和逻辑需要由专门的组件来负责，这个组件就是 AuthenticationProvider，具体定义如下。

```
public interface AuthenticationProvider {

    //执行认证，返回认证结果
    Authentication authenticate(Authentication authentication)
            throws AuthenticationException;

    //判断是否支持当前的认证对象
    boolean supports(Class<?> authentication);
}
```

讲到这里，读者可能会认为 Spring Security 是直接使用 AuthenticationProvider 接口来完成用户认证的，其实不然。如果查阅 Spring Security 的源码，可以发现它通过一个 Authentication-Manager 接口来代理 AuthenticationProvider 接口所提供的认证功能。接下来，我们将以 InMemoryUserDetailsManager 中的 changePassword()方法为例来讲解用户认证的执行过程（为了只展示核心流程，部分代码做了裁剪）。

```
public void changePassword(String oldPassword, String newPassword) {

    //从上下文中获取 Authentication 对象
    Authentication currentUser = SecurityContextHolder.getContext()
            .getAuthentication();
```

```
    if (currentUser == null) {
        throw new AccessDeniedException(
                "Can not change password for current user.");
    }

    //从 Authentication 中获取用户名
    String username = currentUser.getName();

    //使用 AuthenticationManager 执行认证
    if (authenticationManager != null) {

        authenticationManager.authenticate(new UsernamePasswordAuthenticationToken(
                username, oldPassword));
    }
    else {
        …
    }
    MutableUserDetails user = users.get(username);

    if (user == null) {
        throw new IllegalStateException("Current user doesn't exist.");
    }

    user.setPassword(newPassword);
}
```

可以看到，这里使用了 AuthenticationManager 而不是 AuthenticationProvider 中的 authenticate()方法来执行认证。注意，这里出现了一个 UsernamePasswordAuthenticationToken 类，该类是 Authentication 接口的一个具体实现类，用来存储用户认证所需的用户名和密码信息，其核心变量如下所示。

```
private final Object principal;//用户主体信息
private Object credentials;//身份凭证信息
```

Spring Security 中与认证对象相关的核心类之间的关联关系如图 2-6 所示。

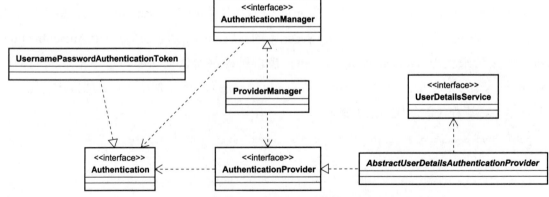

图 2-6　Spring Security 中与认证对象相关的核心类之间的关联关系

2.4　实现定制化用户认证方案

通过前面内容的分析，我们已经明确用户认证的实现过程实际上是完全可以定制化的。Spring Security 所做的工作只是把常见的、符合一般业务场景的实现方式进行抽象并嵌入框架中，开发人员完全可以自定义用户认证方案。基于 Spring Security 定制化用户认证方案的开发流程如图 2-7 所示。

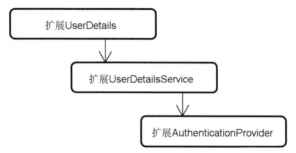

图 2-7　基于 Spring Security 定制化用户认证方案的开发流程

图 2-7 中，UserDetails 接口代表用户详细信息，而负责对 UserDetails 进行各种操作的则是 UserDetailsService 接口。因此，实现定制化用户认证方案首先要做的就是实现 UserDetails 和 UserDetailsService 接口。同时，如果扩展了用户信息，可以结合 AuthenticationProvider 接口来扩展整个认证流程。

2.4.1　扩展 UserDetails

扩展 UserDetails 的方法是直接实现该接口。例如，可以构建如下所示的 SpringUser 类。

```
public class SpringUser implements UserDetails {

    private Long id;
    private final String username;
    private final String password;
    private final String phoneNumber;
    //省略 getter/setter

    @Override
    public String getUsername() {
        return username;
    }

    @Override
    public String getPassword() {
        return password;
    }
}
```

```
        @Override
        public Collection<? extends GrantedAuthority> getAuthorities() {
            return Arrays.asList(new SimpleGrantedAuthority("ROLE_USER"));
        }

    @Override
    public boolean isAccountNonExpired() {
        return true;
    }

    @Override
    public boolean isAccountNonLocked() {
        return true;
    }

    @Override
    public boolean isCredentialsNonExpired() {
        return true;
    }

    @Override
    public boolean isEnabled() {
        return true;
    }
}
```

显然，这里使用了一种非常简单的方法来满足 UserDetails 中各个接口的实现要求。一旦人们构建了一个这样的 SpringUser 类，就可以创建对应的表结构以存储类中所定义的字段。这时，可以选择不采用 Spring Security 默认的 JdbcTemplate 工具类，而是基于 Spring Data 来实现对数据库的访问。

Spring Data 是 Spring 家族中专门用于实现数据访问的抽象框架，其核心理念是针对所有数据存储媒介，为开发人员提供一套统一的数据访问入口。数据访问需要完成领域对象与存储数据之间的映射并对外提供访问入口，Spring Data 基于 Repository 模式抽象了一套统一的数据访问方式。这里将基于 Spring Data 来创建一个自定义的 Repository，如下所示。

```
public interface SpringUserRepository extends CrudRepository<SpringUser, Long> {

    SpringUser findByUsername(String username);
}
```

SpringUserRepository 扩展了 Spring Data 中的 CrudRepository 接口，并提供了一个方法名衍生查询方法 findByUsername()。方法名衍生查询也是 Spring Data 的查询特色之一，通过在方法命名上直接使用查询字段和参数，Spring Data 能自动识别相应的查询条件并组装对应的查询语句。

2.4.2　扩展 UserDetailsService

接下来我们实现 UserDetailsService 接口，具体代码如下所示。

```
@Service
public class SpringUserDetailsService
       implements UserDetailsService {

    @Autowired
    private SpringUserRepository repository;

    @Override
    public UserDetails loadUserByUsername(String username)
        throws UsernameNotFoundException {

        SpringUser user = repository.findByUsername(username);
        if (user != null) {
          return user;
        }
        throw new UsernameNotFoundException(
                    "User:" + username + " not found.");
    }
}
```

因为 UserDetailsService 接口只有一个 loadUserByUsername()方法需要实现，所以这里根据
用户名基于 SpringUserRepository 的 findByUsername()方法从数据库中查询数据。

2.4.3　扩展 AuthenticationProvider

扩展 AuthenticationProvider 是实现定制化认证流程的最后一步，这个过程提供一个自定义
的 AuthenticationProvider 实现类。接下来以常见的用户名和密码认证为例介绍自定义认证过程
的实现流程，如图 2-8 所示。

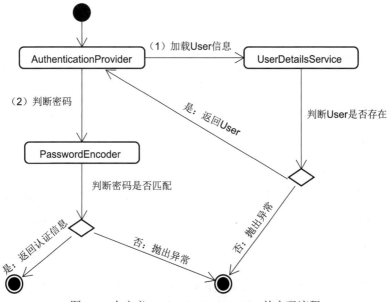

图 2-8　自定义 AuthenticationProvider 的实现流程

上述流程并不复杂，首先，通过 UserDetailsService 获取一个 UserDetails 对象；其次，根据该对象中的密码与认证请求中的密码进行匹配，如果一致则认证成功，反之抛出一个 BadCredentialsException 异常。围绕整个流程创建一个新的 SpringAuthenticationProvider 类，代码如下所示。

```java
@Component
public class SpringAuthenticationProvider implements AuthenticationProvider {

    @Autowired
    private UserDetailsService userDetailsService;

    @Autowired
    private PasswordEncoder passwordEncoder;

    @Override
    public Authentication authenticate(Authentication authentication) {

        //从 Authentication 对象中获取用户名和身份凭证信息
        String username = authentication.getName();
        String password = authentication.getCredentials().toString();

        UserDetails user = userDetailsService.loadUserByUsername(username);
        if (passwordEncoder.matches(password, user.getPassword())) {
            //密码匹配成功则构建一个 UsernamePasswordAuthenticationToken 对象并返回
            return new UsernamePasswordAuthenticationToken(username, password,
u.getAuthorities());
        } else {
            //密码匹配失败则抛出异常
            throw new BadCredentialsException("The username or password is wrong!");
        }
    }

    @Override
    public boolean supports(Class<?> authenticationType) {
        return authenticationType.equals(UsernamePasswordAuthenticationToken.class);
    }
}
```

这里同样使用 UsernamePasswordAuthenticationToken 来传递用户名和密码，并通过一个 PasswordEncoder 对象来校验密码。

最后，创建一个 SpringSecurityConfig 配置类来整合整个定制化配置，该类继承了 WebSecurity-ConfigurerAdapter 配置适配器类。接下来我们将使用自定义的 SpringUserDetailsService 接口完成用户信息的存储和查询。因此，这里需要进一步调整配置策略。调整之后的完整 SpringSecurity-Config 类如下所示。

```java
@Configuration
public class SpringSecurityConfig extends WebSecurityConfigurerAdapter {

    @Autowired
```

```
private UserDetailsService springUserDetailsService;

@Autowired
private AuthenticationProvider springAuthenticationProvider;

@Override
 protected void configure(AuthenticationManagerBuilder auth) throws Exception {

    auth.userDetailsService(springUserDetailsService)
    .authenticationProvider(springAuthenticationProvider);
  }
}
```

这里注入了 SpringUserDetailsService 和 SpringAuthenticationProvider，并将其添加到 Authentication-ManagerBuilder 中，这样 AuthenticationManagerBuilder 将基于上述自定义的 SpringUserDetailsService 来完成 UserDetails 的创建和管理，并基于自定义的 SpringAuthenticationProvider 完成用户认证。

2.5　本章小结

本章详细介绍了如何使用 Spring Security 构建用户认证体系。在 Spring Security 中，认证相关的功能都是通过配置体系进行定制化开发和管理的。通过简单配置，人们可以组合使用 HTTP 基础认证和表单登录认证，也可以基于内存或数据库来存储用户信息，Spring Security 为开发人员内置了这些功能。

同时，本章基于 Spring Security 提供的用户认证功能分析了其背后的实现过程。此外，本章还介绍了通过扩展 UserDetailsService 和 AuthenticationProvider 接口的方式实现定制化的用户认证方案。

第 3 章

访问授权

通过对第 2 章的学习，读者应该对 Spring Security 中的认证流程有了全面了解。认证是实现授权的前提和基础，在执行授权操作前需要明确目标用户，只有明确目标用户才能明确它所具备的角色和权限。Spring Security 中所采用的授权模型也是由用户、角色和权限组成的。本章将探讨该授权模型的实现过程，以及日常开发过程中的应用方式。

Spring Security 实现访问授权很简单，只需要使用基于 HttpSecurity 对象提供的一组工具方法就能实现复杂场景下的访问控制。使用方式简单的功能往往内部实现并不简单，因此，大家需要深入分析授权功能背后的实现机制。针对这一功能，Spring Security 在实现过程上采用了很多优秀的设计理念和实现技巧，值得大家系统性学习。

3.1　Spring Security 中的权限和角色

实现访问授权的基本手段是使用配置体系，1.3 节已经介绍了 Spring Security 中的配置体系，大家可以回顾相应的内容。针对访问授权的配置方法同样位于 WebSecurityConfigurer 的配置适配器类 WebSecurityConfigurerAdapter 中，但使用的是另一个 configure(HttpSecurity http) 方法，如下所示。

```
protected void configure(HttpSecurity http) throws Exception {

    http
        .authorizeRequests()
        .anyRequest()
        .authenticated()
```

```
        .and()
    .formLogin()
        .and()
    .httpBasic();
}
```

上述代码展示了 Spring Security 中用于访问授权的默认实现方法。

3.1.1 基于权限进行访问控制

我们首先回顾一下 2.3 节中介绍的用户对象及其之间的关联关系，如图 3-1 所示。

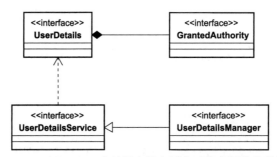

图 3-1 Spring Security 中的四大核心用户对象之间的关联关系

图 3-1 中的 GrantedAuthority 对象代表的就是一种权限对象，而一个 UserDetails 对象具备 1 个或多个 GrantedAuthority 对象。通过这种关联关系可以对用户的权限进行限制，如图 3-2 所示。

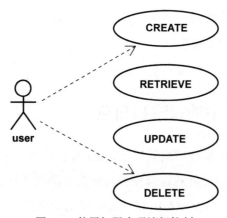

图 3-2 使用权限实现访问控制

如果用代码来表示这种关联关系，可以采用如下所示的实现方法。

```
UserDetails user = User.withUsername("user")
    .password("123456")
    .authorities("CREATE", "DELETE")
    .build();
```

可以看到，这里创建了一个名称为"user"的用户，该用户具有"CREATE"和"DELETE"权限。Spring Security 提供了一组针对 GrantedAuthority 的配置方法，如下所示。

- hasAuthority(String)：允许具有特定权限的用户访问。
- hasAnyAuthority(String)：允许具有任一权限的用户访问。

可以使用上述方法来判断用户是否具备对应的访问权限。例如，在 WebSecurityConfigurerAdapter 的 configure(HttpSecurity http)方法中添加如下代码。

```
@Override
protected void configure(HttpSecurity http) throws Exception {
    http.httpBasic();
    http.authorizeRequests().anyRequest().hasAuthority("CREATE");
}
```

这段代码的作用是对于任何请求，只有权限为"CREATE"的用户才能访问。将代码修改成如下形式。

```
http.authorizeRequests().anyRequest().hasAnyAuthority("CREATE", "DELETE");
```

这时，只要具备"CREATE"和"DELETE"两种权限中任意一种的用户就能访问。

由于 hasAuthority()方法和 hasAnyAuthority()方法都比较简单，但局限性也很大，因此无法基于一些环境和业务参数灵活控制访问规则。为此，Spring Security 提供了 access()方法，该方法允许开发人员传入一个表达式进行更加细粒度的权限控制。这里将引入 SpEL（Spring Expression Language）表达式，它是 Spring 框架提供的一种动态表达式语言。基于 SpEL，只要该表达式的返回值是 true，那么 access()方法允许用户访问。例如下面的代码。

```
http.authorizeRequests().anyRequest().access("hasAuthority('CREATE')");
```

上述代码与使用 hasAuthority()方法的实现效果是完全一致的，但如果是更为复杂的场景，那么 access()方法的优势很明显。人们可以灵活创建一个表达式，然后通过 access()方法确定最后的结果，代码如下所示。

```
String expression = "hasAuthority('CREATE') and !hasAuthority('RETRIEVE')";

http.authorizeRequests().anyRequest().access(expression);
```

上述代码的执行效果是只有拥有"CREATE"权限且不拥有"RETRIEVE"权限的用户才能访问。

3.1.2　基于角色进行访问控制

讨论完权限，接下来讨论角色。这里可以把角色看作一种拥有多个权限的数据载体，如图 3-3

所示。

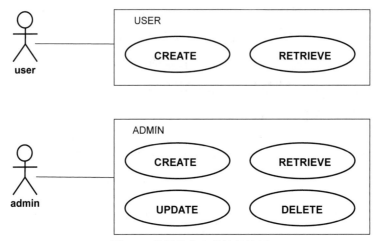

图 3-3 使用角色实现访问控制

图 3-3 分别定义了两个不同的角色"USER"和"ADMIN",它们拥有不同的访问权限。

讲到这里,读者可能会认为 Spring Security 应该提供了一个独立的数据结构来承载角色的含义。事实上,Spring Security 并没有定义类似 GrantedRole 的专门用来承载用户角色的对象,而是复用 GrantedAuthority 对象。事实上,以"ROLE_"为前缀的 GrantedAuthority 本身就代表了一种角色,因此可以使用如下方式来初始化用户的角色。

```
UserDetails user = User.withUsername("admin")
    .password("123456")
    .authorities("ROLE_ADMIN")
    .build();
```

上述代码相当于为用户"admin"指定了"ADMIN"这个角色。为了给开发人员提供更好的开发体验,Spring Security 还提供了另一种简化的方法来指定用户的角色,如下所示。

```
UserDetails user = User.withUsername("admin")
    .password("123456")
    .roles("ADMIN")
    .build();
```

2.2 节在介绍使用基于内存的用户信息存储方案时就已经用过这种方法。

与权限配置一样,Spring Security 也可以通过使用对应的 hasRole()和 hasAnyRole()方法来判断用户是否具有某个或某些角色,如下所示。

```
http.authorizeRequests().anyRequest().hasRole("ADMIN");
```

当然,针对角色,我们也可以使用 access()方法完成更为复杂的访问控制。此外,Spring

Security 还提供其他有用的控制方法供开发人员灵活使用。表 3-1 展示了 Spring Security 中常见的配置方法及其作用。

表 3-1 Spring Security 中常见的配置方法及其作用

配置方法	作用
anonymous()	允许匿名访问
authenticated()	允许认证用户访问
denyAll()	无条件禁止一切访问
hasAnyAuthority(String)	允许具有任一权限的用户访问
hasAnyRole(String)	允许具有任一角色的用户访问
hasAuthority(String)	允许具有特定权限的用户访问
hasIpAddress(String)	允许来自特定 IP 地址的用户访问
hasRole(String)	允许具有特定角色的用户访问
permitAll()	无条件允许一切用户访问

3.2 使用配置方法控制访问权限

讨论完权限和角色，接下来我们回到 HTTP 请求和响应过程。确保请求安全的手段是对访问进行限制，只有那些具有访问权限的请求才能被服务器处理。那么，如何让 HTTP 请求与权限控制过程产生关联呢？答案还是使用 Spring Security 提供的配置方法。Spring Security 提供了三种强大的匹配器（Matcher）来实现这一目标，分别是 MVC 匹配器、Ant 匹配器及正则表达式匹配器。

为了验证这些匹配器的配置方法，这里准备了一个 Controller，如下所示。

```
@RestController
public class TestController {

    @GetMapping("/user")
    public String user() {
        return " User!";
    }

    @GetMapping("/admin")
    public String admin() {
        return "Admin!";
    }
}
```

```
@GetMapping("/other")
public String other() {
    return "Other!";
}
}
```

同时创建了两个具有不同角色的用户，如下所示。

```
UserDetails user1 = User.withUsername("user")
    .password("12345")
    .roles("USER")
    .build();

UserDetails user2 = User.withUsername("admin")
    .password("12345")
    .roles("ADMIN")
    .build();
```

接下来我们将基于该 Controller 中所暴露的各个 HTTP 端点介绍三种不同的匹配器。

3.2.1　MVC 匹配器

在三种匹配器中，MVC 匹配器的使用方法比较简单，基于 HTTP 端点的访问路径进行匹配即可，使用方式如下所示。

```
http.authorizeRequests()
    .mvcMatchers("/user").hasRole("USER")
    .mvcMatchers("/admin").hasRole("ADMIN");
```

现在，如果使用角色为 "USER" 的用户 "user" 来访问 "/admin" 端点，那么将会得到如下所示的响应结果。

```
{
    "status":403,
    "error":"Forbidden",
    "message":"Forbidden",
    "path":"/admin"
}
```

显然，MVC 匹配器已经生效，这是因为只有角色为 "ADMIN" 的用户才能访问 "/admin" 端点。如果使用拥有 "ADMIN" 角色的 "admin" 用户访问该端点就可以得到正确的响应结果。

这里通过 MVC 匹配器只指定了两个端点的路径，那么剩下的第三个 "/other" 路径呢？答案是没有被 MVC 匹配器所匹配的端点，其访问过程不受任何限制，效果相当于如下所示的配置。

```
http.authorizeRequests()
    .mvcMatchers("/user").hasRole("USER")
```

```
    .mvcMatchers("/admin").hasRole("ADMIN");
    .anyRequest().permitAll();
```

显然，这种安全访问控制策略不太合理，更好的做法是让那些没有被 MVC 匹配器匹配的请求也需要进行认证之后才能访问，实现方式如下所示。

```
http.authorizeRequests()
    .mvcMatchers("/user").hasRole("USER")
    .mvcMatchers("/admin").hasRole("ADMIN");
    .anyRequest().authenticated();
```

现在又有一个新的问题——如果一个 Controller 中存在两个路径完全一样的 HTTP 端点呢？这种情况是存在的。对 HTTP 端点而言，就算路径一样，只要所使用的 HTTP 方法不同，那就是不同的两个端点。针对这种情况，MVC 匹配器还提供了重载的 mvcMatchers()方法，如下所示。

```
mvcMatchers(HttpMethod method, String... patterns)
```

这个方法可以把 HTTP 方法作为一个访问的维度进行控制，如下所示。

```
http.authorizeRequests()
    .mvcMatchers(HttpMethod.POST, "/hello").authenticated()
    .mvcMatchers(HttpMethod.GET, "/hello").permitAll()
    .anyRequest().denyAll();
```

在上面这段配置代码中，如果一个 HTTP 请求使用 POST 方法访问"/hello"端点，那么需要进行认证；如果使用 GET 方法访问"/hello"端点则全部允许访问。最后，访问其余任一路径的所有请求都会被拒绝。

同时，如果想对某个路径下的所有子路径都指定同样的访问控制，在该路径后面添加"*"即可，如下所示。

```
http.authorizeRequests()
    .mvcMatchers(HttpMethod.GET, "/user/*").authenticated()
```

通过上述配置方法，访问"/user/user1""/user/user1/status"等路径时即会匹配该规则。

3.2.2　Ant 匹配器

Ant 匹配器的表现形式和使用方法与前面介绍的 MVC 匹配器非常类似，也提供了如下所示的三个方法来完成请求与 HTTP 端点地址之间的匹配关系。

- antMatchers(String patterns)。
- antMatchers(HttpMethod method)。

- antMatchers(HttpMethod method, String patterns)。

根据方法定义，我们可以组合使用请求的 HTTP 方法及匹配的模式，例如下面的代码。

```
http.authorizeRequests()
    .antMatchers( "/hello").authenticated();
```

虽然从使用方式来看 Ant 匹配器和 MVC 匹配器并没有什么区别，但在日常开发过程中，我们更倾向于使用 MVC 匹配器而非 Ant 匹配器，原因在于 Ant 匹配器在匹配路径上存在一定风险。例如，基于上面这行配置，发送如下 HTTP 请求。

```
http://localhost:8080/hello
```

如果按照人们的理解，Ant 匹配器理应匹配到这个端点，但结果如下。

```
{
    "status":401,
    "error":"Unauthorized",
    "message":"Unauthorized",
    "path":"/hello"
}
```

现在，可以把 HTTP 请求调整为如下形式。

```
http://localhost:8080/hello/
```

注意，在请求地址最后添加了"/"符号，就会得到正确的访问结果。

显然，Ant 匹配器处理请求地址的方式有点让人感到困惑，而 MVC 匹配器则没有这个问题，无论请求地址的末尾是否存在"/"符号，它都能正确匹配。

3.2.3　正则表达式匹配器

最后要介绍的匹配器是正则表达式匹配器。它提供的两个配置方法如下所示。

- regexMatchers(HttpMethod method, String regex)。
- regexMatchers(String regex)。

使用这一匹配器的主要优势在于它能够基于复杂的正则表达式对请求地址进行匹配，这是 MVC 匹配器和 Ant 匹配器所无法实现的。例如下面的代码。

```
http.authorizeRequests()
    .mvcMatchers("/email/{email:.*(.+@.+\\.com)}")
    .permitAll()
    .anyRequest()
    .denyAll();
```

可以看到，这段代码匹配了常见的邮箱地址，只有输入的请求中包含的是一个合法的邮箱地址才允许访问。

3.3 Spring Security 授权流程

介绍完 Spring Security 中授权机制的使用方法后，本节进一步分析其背后的执行流程。Spring Security 实现对所有请求进行权限控制的配置方法只需要如下所示的一行代码即可。

```
http.authorizeRequests();
```

对于这行代码的执行效果，大家可以结合 HTTP 请求的响应流程来理解。当一个 HTTP 请求到达 Servlet 容器时，会被容器拦截，并添加一些附加的处理逻辑。在 Servlet 中，这种处理逻辑是通过过滤器（Filter）来实现的，多个过滤器按照一定的顺序组合在一起就构成了一个过滤器链，如图 3-4 所示。

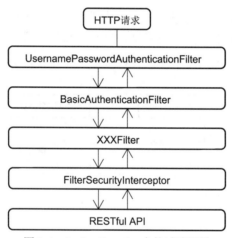

图 3-4 Spring Security 中的过滤器链

关于过滤器的详细讨论见第 6 章。在本章中，大家只需要知道 Spring Security 同样基于过滤器实现对请求的拦截，从而实现对访问权限的限制即可。

Spring Security 存在一个称作 FilterSecurityInterceptor 的拦截器。在图 3-4 中，可以看到该拦截器位于整个过滤器链的末端。该过滤器的核心功能是对权限控制过程进行拦截，也就是用来判定该请求能否访问目标 HTTP 端点。FilterSecurityInterceptor 是整个权限控制的第一个环节，人们称之为拦截请求。

当对请求进行拦截之后，下一步是获取该请求的访问资源，以及访问这些资源所需要的权限信息。这一步称为获取权限配置。Spring Security 存在一个 SecurityMetadataSource 接口，该接口代表权限配置的抽象，其中保存一系列提供安全元数据的数据源。下面结合如下所示的配置方法做进一步解释。

```
http.authorizeRequests().anyRequest().hasAuthority("CREATE");
```

需要注意的是，http.authorizeRequests()方法的返回值是一个 ExpressionInterceptUrlRegistry，anyRequest()方法的返回值是一个 AuthorizedUrl，而 hasAuthority()方法的返回值也是一个 ExpressionInterceptUrl Registry。这些对象在本章后续内容中都会介绍。

SecurityMetadataSource 接口定义了一组方法来操作这些权限配置，具体权限配置的表现形式是 ConfigAttribute 接口。通过 ExpressionInterceptUrlRegistry 和 AuthorizedUrl，我们能够把配置信息转变为具体的 ConfigAttribute。

当获取权限配置信息之后，我们就可以根据这些配置决定当前请求是否具有访问权限，也就是执行授权决策。Spring Security 专门提供了一个 AccessDecisionManager 接口来完成这一操作。而在 AccessDecisionManager 接口中，又把具体的决策过程委托给 AccessDecisionVoter 接口。AccessDecisionVoter 可以被认为是一种投票器，负责对授权决策进行表决。

以上三个步骤构成了 Spring Security 的授权整体工作流程，如图 3-5 所示。

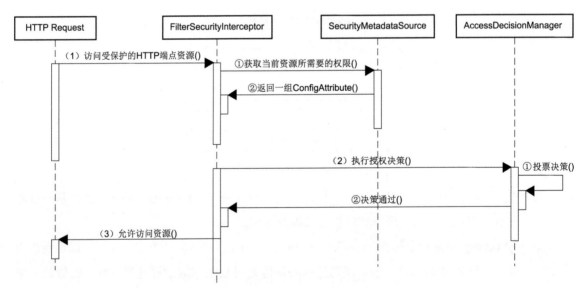

图 3-5 Spring Security 的授权整体工作流程

接下来我们将基于该流程逐一讲解拦截请求、获取权限配置、执行授权决策三个步骤。

3.3.1 拦截请求

FilterSecurityInterceptor 实现了对请求的拦截。具体定义如下所示。

```
public class FilterSecurityInterceptor extends AbstractSecurityInterceptor implements Filter
```

显然，FilterSccurityInterceptor 实现了 Servlet 的 Filter 接口，所以本质上它也是一种过滤器。在它的 invoke()方法中，FilterSecurityInterceptor 自身并没有什么特殊的操作，只是获取 HTTP 请求并调用基类 AbstractSecurityInterceptor 中的 beforeInvocation()方法拦截请求，如下所示。

```
public void invoke(FilterInvocation fi) throws IOException, ServletException {

    …
    InterceptorStatusToken token = super.beforeInvocation(fi);
    …
    super.afterInvocation(token, null);
}
```

AbstractSecurityInterceptor 中的 beforeInvocation()方法非常长，其主流程代码如下。

```
protected InterceptorStatusToken beforeInvocation(Object object) {

    …
    //获取 ConfigAttribute 集合
    Collection< ConfigAttribute > attributes = this.obtainSecurityMetadataSource()
            .getAttributes(object);

    …
    //获取认证信息
    Authentication authenticated = authenticateIfRequired();

    //执行授权
    try {
        this.accessDecisionManager.decide(authenticated, object, attributes);
    }
    catch (AccessDeniedException accessDeniedException) {
        …
    }
    …
}
```

可以看到，上述代码从配置好的 SecurityMetadataSource 中获取当前请求所对应的 Config-Attribute 数据——权限信息。那么，该 SecurityMetadataSource 又是怎么得到的呢？下面将继续分析。

3.3.2 获取权限配置

FilterSecurityInterceptor 定义了一个 FilterInvocationSecurityMetadataSource 变量，并通过

setSecurityMetadataSource()方法注入。显然，该变量就是一种 SecurityMetadataSource。

1．MetadataSource

通过查阅 FilterSecurityInterceptor 的调用关系，可以发现 MetadataSource 类是在 AbstractIntercept-UrlConfigurer 类中初始化的，如下所示。

```
private FilterSecurityInterceptor createFilterSecurityInterceptor(H http, FilterInvo-
cationSecurityMetadataSource metadataSource,
    AuthenticationManagerauthenticationManager) throws Exception {

    //创建拦截器
    FilterSecurityInterceptor securityInterceptor = new FilterSecurityInterceptor();
    securityInterceptor.setSecurityMetadataSource(metadataSource);

     //设置 AccessDecisionManager
     securityInterceptor.setAccessDecisionManager(getAccessDecisionManager(http));

     //设置 AuthenticationManager
     securityInterceptor.setAuthenticationManager(authenticationManager);
    securityInterceptor.afterPropertiesSet();

    return securityInterceptor;
}
```

而 FilterInvocationSecurityMetadataSource 对象的创建则基于 AbstractInterceptUrlConfigurer 中的抽象方法，具体如下所示。

```
abstract FilterInvocationSecurityMetadataSource createMetadataSource(H http);
```

该方法的实现过程由 AbstractInterceptUrlConfigurer 的子类 ExpressionUrlAuthorizationConfigurer 提供，如下所示。

```
@Override
ExpressionBasedFilterInvocationSecurityMetadataSource createMetadataSource(Hhttp) {

    LinkedHashMap<RequestMatcher, Collection<ConfigAttribute>> requestMap = REGISTRY.
createRequestMap();
    …
    return new ExpressionBasedFilterInvocationSecurityMetadataSource(requestMap,
                    getExpressionHandler(http));
}
```

注意，上述代码中的 REGISTRY 对象的类型是 ExpressionInterceptUrlRegistry，前面提到的 http.authorizeRequests()方法的返回值类型就是该类型。

2．ExpressionInterceptUrlRegistry

接下来我们介绍 ExpressionInterceptUrlRegistry 类型，其 createRequestMap()方法的实现过程如下所示。

```
final LinkedHashMap<RequestMatcher, Collection<ConfigAttribute>> createRequestMap() {
    …
    LinkedHashMap<RequestMatcher, Collection<ConfigAttribute>> requestMap = new
LinkedHashMap<>();
    for (UrlMapping mapping : getUrlMappings()) {
        RequestMatcher matcher = mapping.getRequestMatcher();
        Collection<ConfigAttribute> configAttrs = mapping.getConfigAttrs();
        requestMap.put(matcher, configAttrs);
    }
    return requestMap;
}
```

上述代码先把配置的 http.authorizeRequests()方法内容转化为 UrlMappings，然后进一步转换为 RequestMatcher 与 Collection<ConfigAttribute>之间的映射关系。那么，创建这些 UrlMappings 的入口在哪里呢？同样在 ExpressionUrlAuthorizationConfigurer 的 interceptUrl()方法中，如下所示。

```
private void interceptUrl(Iterable<? extends RequestMatcher> requestMatchers, Collection<
ConfigAttribute> configAttributes) {
    for (RequestMatcher requestMatcher : requestMatchers) {
        REGISTRY.addMapping(new AbstractConfigAttributeRequestMatcherRegistry.UrlMapping(
        requestMatcher, configAttributes));
    }
}
```

可以看到，这里实际上把传入的 RequestMatcher 和 ConfigAttribute 转换为一种映射关系。

3. AuthorizedUrl

接下来我们进一步跟踪代码的运行流程。可以发现，上述 interceptUrl()方法的调用入口在如下所示的 access()方法中。

```
public ExpressionInterceptUrlRegistry access(String attribute) {
    if (not) {
        attribute = "!" + attribute;
    }

    interceptUrl(requestMatchers, SecurityConfig.createList(attribute));

    return ExpressionUrlAuthorizationConfigurer.this.REGISTRY;
}
```

结合 3.2 节中的内容，大家不难理解 access()方法的作用。注意，该方法位于 AuthorizedUrl 类中，而执行 http.authorizeRequests().anyRequest()方法后，返回的是 AuthorizedUrl 类。该类定义了一些常用的配置方法，如 hasRole()、hasAuthority()等。而这些方法内部都调用了 access() 方法，如下面的代码如下。

```
public ExpressionInterceptUrlRegistry hasRole(String role) {
    return access(ExpressionUrlAuthorizationConfigurer.hasRole(role));
}
```

```
public ExpressionInterceptUrlRegistry hasAuthority(String authority) {
        return access(ExpressionUrlAuthorizationConfigurer.hasAuthority(authority));
}
```

到此，获取权限配置的流程已基本完成，并得到一组代表权限的 ConfigAttribute 对象。接下来我们将分析如何执行授权决策。

3.3.3 执行授权决策

执行授权决策的前提是获取认证信息，因此，FilterSecurityInterceptor 的拦截流程包含如下一行代码。

```
Authentication authenticated = authenticateIfRequired();
```

这里的 authenticateIfRequired() 方法执行认证操作。实现该方法的代码如下。

```
private Authentication authenticateIfRequired() {
        Authentication authentication = SecurityContextHolder.getContext()
        .getAuthentication();
        …

        //执行认证并获取认证对象
        authentication = authenticationManager.authenticate(authentication);
        …

        //设置安全上下文
        SecurityContextHolder.getContext().setAuthentication(authentication);

        return authentication;
}
```

可以看到，认证逻辑并不复杂，先根据上下文对象中的 Authentication 对象来判断当前用户是否通过身份认证。如果尚未通过身份认证，则调用 AuthenticationManager 进行认证，并把 Authentication 对象存储到上下文对象中。关于用户认证流程的详细介绍可以回顾 2.3 节。

一旦用户通过认证，接下来我们可以基于 Authentication 对象分析授权流程。首先需要关注的是 AccessDecisionManager。

1. AccessDecisionManager

AccessDecisionManager 是用来执行授权决策的入口，它的核心方法是 decide() 方法，前面已介绍过该方法的执行过程。decide() 方法的具体代码如下所示。

```
this.accessDecisionManager.decide(authenticated, object, attributes);
```

在前面介绍 AbstractInterceptUrlConfigurer 类时，我们已经介绍过获取和创建 AccessDecision-Manager 的方法，如下所示。

```
private AccessDecisionManager getAccessDecisionManager(H http) {
    if (accessDecisionManager == null) {
        accessDecisionManager = createDefaultAccessDecisionManager(http);
    }
    return accessDecisionManager;
}

private AccessDecisionManager createDefaultAccessDecisionManager(H http) {
    AffirmativeBased result = new AffirmativeBased(getDecisionVoters(http));
    return postProcess(result);
}
```

显然，如果没有设置自定义的 AccessDecisionManager，则 Spring Security 默认会创建一个 AffirmativeBased 对象。AffirmativeBased 的 decide()方法如下所示。

```
public void decide(Authentication authentication, Object object,
 Collection<ConfigAttribute> configAttributes) throws AccessDeniedException {
    int deny = 0;

    //委托 AccessDecisionVoter 计算访问权限
    for (AccessDecisionVoter voter : getDecisionVoters()) {
        int result = voter.vote(authentication, object, configAttributes);

        switch (result) {
                case AccessDecisionVoter.ACCESS_GRANTED:
                    return;

                case AccessDecisionVoter.ACCESS_DENIED:
                    deny++;

                    break;

                default:
                    break;
        }
    }

    if (deny > 0) {
        throw new AccessDeniedException(messages.getMessage(
                "AbstractAccessDecisionManager.accessDenied", "Access is denied"));
    }

    checkAllowIfAllAbstainDecisions();
}
```

可以看到，这里把真正计算是否具有访问权限的过程委托给一组 AccessDecisionVoter 对象，只要其中任意一个 AccessDecisionVoter 对象的执行结果为拒绝，就会抛出一个 AccessDeniedException。

2. AccessDecisionVoter

AccessDecisionVoter 同样是一个接口，提供如下所示的 vote()方法。

```
int vote(Authentication authentication, S object,
        Collection<ConfigAttribute> attributes);
```

AbstractInterceptUrlConfigurer 类提供 AccessDecisionVoter 的 getDecisionVoters()抽象方法定

义，具体如下所示。

```
    abstract List<AccessDecisionVoter<?>> getDecisionVoters(H http);
```

同样，其子类 ExpressionUrlAuthorizationConfigurer 给出了该抽象方法的具体实现。

```
@Override
List<AccessDecisionVoter<?>> getDecisionVoters(H http) {
    List<AccessDecisionVoter<?>> decisionVoters = new ArrayList<>();

    //创建 AccessDecisionVoter 的具体实现类 WebExpressionVoter
    WebExpressionVoter expressionVoter = new WebExpressionVoter();
    expressionVoter.setExpressionHandler(getExpressionHandler(http));
    decisionVoters.add(expressionVoter);
    return decisionVoters;
}
```

可以看到，这里创建的 AccessDecisionVoter 实际上都是 WebExpressionVoter，它的 vote()方法如下所示。

```
public int vote(Authentication authentication, FilterInvocation fi,
        Collection<ConfigAttribute> attributes) {
    …
    WebExpressionConfigAttribute weca = findConfigAttribute(attributes);

    …
EvaluationContext ctx = expressionHandler.createEvaluationContext(authentication, fi);
    ctx = weca.postProcess(ctx, fi);

    //执行权限评估
    return ExpressionUtils.evaluateAsBoolean(weca.getAuthorizeExpression(), ctx) ?
ACCESS_GRANTED: ACCESS_DENIED;
    }
```

上述代码给出了一个 SecurityExpressionHandler 类，看类名就知道它与 Spring 中的 SpEL 表达式语言相关，它会构建一个用于评估的上下文对象 EvaluationContext。而 ExpressionUtils.evaluate-AsBoolean()方法根据从 WebExpressionConfigAttribute 获取的授权表达式，以及该 EvaluationContext 上下文对象完成最终结果评估，该方法的具体实现如下。

```
public static boolean evaluateAsBoolean(Expression expr, EvaluationContext ctx) {
    try {
        return expr.getValue(ctx, Boolean.class);
    }
    catch (EvaluationException e) {
        …
    }
}
```

显然，最终的评估过程只是简单使用了 Spring 框架所提供的 SpEL 表达式语言。

综上所述，Spring Security 中与授权相关的核心类之间的关联关系如图 3-6 所示。

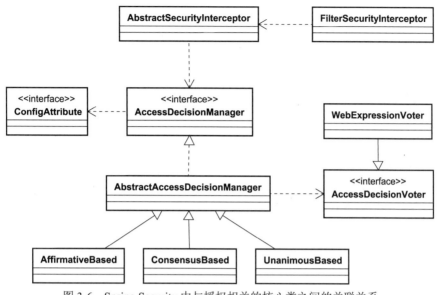

图 3-6　Spring Security 中与授权相关的核心类之间的关联关系

3.4　本章小结

本章重点介绍请求访问的授权，而理解该过程需要明确 Spring Security 的用户、权限和角色之间的关联关系。一旦大家对某个用户设置了对应的权限和角色，就可以通过各种配置方法来有效控制访问权限。为此，Spring Security 提供了 MVC 匹配器、Ant 匹配器及正则表达式匹配器来实现复杂的访问控制。

此外，为了更好地理解授权过程，本章还针对 Spring Security 授权机制的实现原理展开了详细讨论。整个授权过程可以拆分为拦截请求、获取权限配置和执行授权决策三大步骤。每一步骤都涉及一组核心类及其之间的关联关系。本章针对这些核心类的讲解都是围绕基本配置方法展开讨论的，以确保实际应用能与源码分析衔接在一起。

第 4 章

密码安全

通过前面两章的学习，大家应该掌握了 Spring Security 的用户认证体系和访问授权机制。而用户认证的过程通常涉及密码的校验，因此密码的安全性也是必须考虑的一个核心问题。Spring Security 作为一个功能完备的安全性框架，一方面提供用于完成加密操作的 PasswordEncoder 组件，另一方面提供一个可以在应用程序中独立使用的加密模块。本章将具体介绍这两项功能及其使用方式。

4.1 密码编码器

回顾整个用户认证流程，可以发现在 AuthenticationProvider 中，我们需要使用 PasswordEncoder 组件来验证密码的正确性。PasswordEncoder 组件与认证流程之间的关联关系如图 4-1 所示。

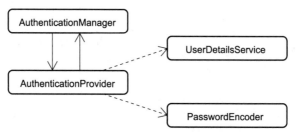

图 4-1　PasswordEncoder 组件与认证流程之间的关联关系

同样，大家回顾一下第 2 章介绍的基于数据库的用户信息存储方案，如下所示。

```
@Override
protected void configure(AuthenticationManagerBuilder auth) throws Exception {

    auth.jdbcAuthentication().dataSource(dataSource)
            .usersByUsernameQuery("select username, password, enabled from Users " +
"where username=?")
            .authoritiesByUsernameQuery("select username, authority from UserAuthorities
" + "where username=?")
            .passwordEncoder(new BCryptPasswordEncoder());
}
```

注意，上述方法通过 jdbcAuthentication()方法验证用户信息时要集成加密机制，也就是说，通过 passwordEncoder()方法嵌入一个 PasswordEncoder 接口的实现类。

4.1.1　PasswordEncoder 抽象

在 Spring Security 中，PasswordEncoder 接口代表的是一种密码编码器，用于指定密码的具体加密方式，以及如何在给定的一段加密字符串与明文之间完成匹配校验。PasswordEncoder 接口定义如下。

```
public interface PasswordEncoder {

    //对原始密码进行编码
    String encode(CharSequence rawPassword);

    //对提交的原始密码与库中存储的加密密码进行比对
    boolean matches(CharSequence rawPassword, String encodedPassword);

    //判断加密密码是否需要再次进行加密，默认返回 false
    default boolean upgradeEncoding(String encodedPassword) {
        return false;
    }
}
```

Spring Security 内置了一大批 PasswordEncoder 接口的实现类，如图 4-2 所示。

图 4-2　Spring Security 中 PasswordEncoder 接口的实现类

比较常见的 PasswordEncoder 实现类具体解释如下。

- NoOpPasswordEncoder：以明文形式保存密码，不对密码进行编码。这种 PasswordEncoder 实现类通常只用于演示，而不会用于生产环境。
- StandardPasswordEncoder：使用 SHA-256 算法对密码执行散列操作。
- BCryptPasswordEncoder：使用 bcrypt 强散列算法对密码执行散列操作。
- Pbkdf2PasswordEncoder：使用 PBKDF2 算法对密码执行散列操作。

这里将以 BCryptPasswordEncoder 为例进行介绍。先来了解其 encode()方法，如下所示。

```java
public String encode(CharSequence rawPassword) {
    String salt;
    if (random != null) {
        salt = BCrypt.gensalt(version.getVersion(), strength, random);
    }else {
        salt = BCrypt.gensalt(version.getVersion(), strength);
    }
    return BCrypt.hashpw(rawPassword.toString(), salt);
}
```

可以看到，上述 encode()方法执行了两个步骤。首先，使用 Spring Security 提供的 BCrypt 工具类生成盐（salt）；然后，根据盐和明文密码生成最终的密文。这里有必要展开介绍加盐的概念。所谓加盐，就是在初始化明文数据时，由系统自动向该明文里添加一些附加数据，然后散列。引入加盐机制的目的是进一步提高加密数据的安全性，单向散列加密及加盐思想广泛应用于系统登录过程中的密码生成和校验。例如，日常开发过程中，对密码进行加密的典型操作时序如图 4-3 所示。

同样，Pbkdf2PasswordEncoder 也通过对密码加盐之后进行散列，然后将结果作为盐再与密码进行散列，多次重复该过程并生成最终的密文。

介绍完 PasswordEncoder 的基本结构之后，接下来我们学习其应用方式。如果要在应用程序中使用某个 PasswordEncoder 实现类，通常通过它的构造函数创建一个实例即可，如下面的代码。

```java
PasswordEncoder p = new StandardPasswordEncoder();
PasswordEncoder p = new StandardPasswordEncoder("secret");

PasswordEncoder p = new SCryptPasswordEncoder();
PasswordEncoder p = new SCryptPasswordEncoder(16384, 8, 1, 32, 64);
```

而如果想要使用 NoOpPasswordEncoder 实现类，除了通过构造函数，还可以通过它的 getInstance()方法来获取静态实例，如下所示。

```java
PasswordEncoder p = NoOpPasswordEncoder.getInstance()
```

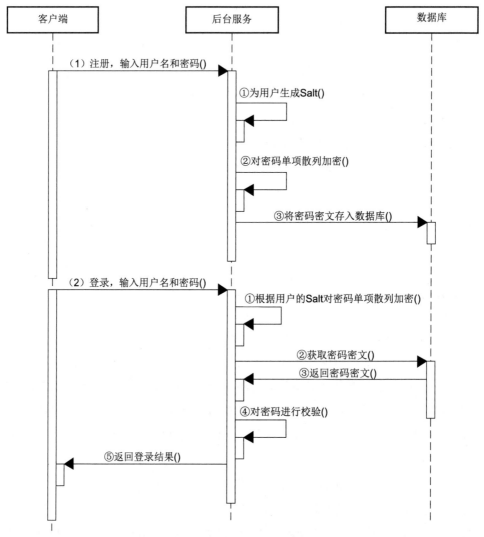

图 4-3　单向散列加密与加盐机制

4.1.2　自定义 PasswordEncoder

尽管 Spring Security 提供了丰富的 PasswordEncoder 实现类，但我们也可以通过自定义接口来设计满足自身需求的任意一种密码编解码和验证机制。例如，可以编写如下所示的一个 PlainTextPasswordEncoder。

```
public class PlainTextPasswordEncoder implements PasswordEncoder {

    @Override
    public String encode(CharSequence rawPassword) {

        return rawPassword.toString();
```

```
    }

    @Override
    public boolean matches(CharSequence rawPassword, String encodedPassword) {

        return rawPassword.equals(encodedPassword);
    }
}
```

PlainTextPasswordEncoder 的功能与 NoOpPasswordEncoder 类似，没有对明文进行任何处理。如果想使用某一算法来集成 PasswordEncoder，那么可以使用如下所示的 Sha512PasswordEncoder，这里将 SHA-512 作为加解密算法。

```
public class Sha512PasswordEncoder implements PasswordEncoder {

    @Override
    public String encode(CharSequence rawPassword) {
        return hashWithSHA512(rawPassword.toString());
    }

    @Override
    public boolean matches(CharSequence rawPassword, String encodedPassword) {
        String hashedPassword = encode(rawPassword);
        return encodedPassword.equals(hashedPassword);
    }

    private String hashWithSHA512(String input) {
        StringBuilder result = new StringBuilder();

        try {
            MessageDigest md = MessageDigest.getInstance("SHA-512");
            byte [] digested = md.digest(input.getBytes());
            for (int i = 0; i < digested.length; i++) {
            result.append(Integer.toHexString(0xFF & digested[i]));
        } catch (NoSuchAlgorithmException e) {
            throw new RuntimeException("Bad algorithm");
        }

        return result.toString();
    }
}
```

上述代码中，hashWithSHA512()方法使用前面提到的单向散列加密算法来生成消息摘要（Message Digest），其主要特点是单向不可逆、密文长度固定，以及"碰撞"少，即明文的微小差异就会导致所生成密文完全不同。SHA（Secure Hash Algorithm）及 MD5（Message Digest 5）都是常见的单向散列加密算法，JDK 内置的 MessageDigest 类已包含其默认实现，可以直接调用方法。

4.1.3 代理式 DelegatingPasswordEncoder

前面的讨论都基于一种假设，即在对密码进行加解密过程中只会使用一个 PasswordEncoder，如果该 PasswordEncoder 不能满足人们的需求,这时就需要替换成另一个 PasswordEncoder。这就引出了一个问题——如何优雅地应对这种变化。

在普通的业务系统中,替换一个组件可能并没有太大的成本,因为业务系统也在不断变化。但对 Spring Security 这种成熟的开发框架而言,设计和实现上不能经常发生变化。因此,在新/旧 PasswordEncoder 的兼容性及框架自身的稳健性和可变性之间需要考虑平衡性。为了实现这种平衡性,Spring Security 提供了一个 DelegatingPasswordEncoder。

虽然 DelegatingPasswordEncoder 也实现了 PasswordEncoder 接口,但事实上,它更多地扮演了一种代理组件的角色,这点从其名称上就可以看出来。DelegatingPasswordEncoder 将具体编码的实现根据需求代理给不同的算法,以此实现不同编码算法之间的兼容并协调变化。DelegatingPasswordEncoder 的代理作用如图 4-4 所示。

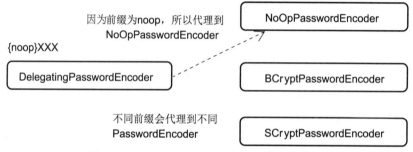

图 4-4 DelegatingPasswordEncoder 的代理作用

DelegatingPasswordEncoder 类的构造函数如下所示。

```java
public DelegatingPasswordEncoder(String idForEncode,
    Map<String,PasswordEncoder> idToPasswordEncoder) {
    if (idForEncode == null) {
        throw new IllegalArgumentException("idForEncode cannot be null");
    }
    if (!idToPasswordEncoder.containsKey(idForEncode)) {
        throw new IllegalArgumentException("idForEncode " + idForEncode + "is not
found in idToPasswordEncoder " + idToPasswordEncoder);
    }
    for (String id : idToPasswordEncoder.keySet()) {
        if (id == null) {
            continue;
        }
        if (id.contains(PREFIX)) {
            throw new IllegalArgumentException("id " + id + " cannot contain " + PREFIX);
        }
        if (id.contains(SUFFIX)) {
            throw new IllegalArgumentException("id " + id + " cannot contain " + SUFFIX);
        }
    }
    this.idForEncode = idForEncode;
```

```
        this.passwordEncoderForEncode = idToPasswordEncoder.get(idForEncode);
        this.idToPasswordEncoder = new HashMap<>(idToPasswordEncoder);
    }
```

该构造函数中的 idForEncode 参数决定 PasswordEncoder 的类型，而 idToPasswordEncoder 参数用来判断匹配时所兼容的类型。显然，idToPasswordEncoder 必须包含对应的 idForEncode。

接下来我们查看该构造函数的调用入口。Spring Security 存在一个创建 PasswordEncoder 的工厂类 PasswordEncoderFactories，如下所示。

```
public class PasswordEncoderFactories {
@SuppressWarnings("deprecation")
    public static PasswordEncoder createDelegatingPasswordEncoder() {
        String encodingId = "bcrypt";
        Map<String, PasswordEncoder> encoders = new HashMap<>();
        encoders.put(encodingId, new BCryptPasswordEncoder());
        encoders.put("ldap", new org.springframework.security.crypto.password.LdapSha-
PasswordEncoder());
        encoders.put("MD4", new org.springframework.security.crypto.password.Md4Pass-
wordEncoder());
        encoders.put("MD5", new org.springframework.security.crypto.password.Message-
DigestPasswordEncoder("MD5"));
        encoders.put("noop", org.springframework.security.crypto.password.NoOpPassword-
Encoder.getInstance());
        encoders.put("pbkdf2", new Pbkdf2PasswordEncoder());
        encoders.put("scrypt", new SCryptPasswordEncoder());
        encoders.put("SHA-1", new org.springframework.security.crypto.password.Message-
DigestPasswordEncoder("SHA-1"));
        encoders.put("SHA-256", new org.springframework.security.crypto.password.Message-
DigestPasswordEncoder("SHA-256"));
        encoders.put("sha256", new org.springframework.security.crypto.password.Standard-
PasswordEncoder());
        encoders.put("argon2", new Argon2PasswordEncoder());

        return new DelegatingPasswordEncoder(encodingId, encoders);
    }

    private PasswordEncoderFactories() {}
}
```

可以看到，该工厂类不仅初始化了一个包含 Spring Security 中所有支持 PasswordEncoder 的 Map，而且明确了框架默认使用的是 key 为 "bcrypt" 的 BCryptPasswordEncoder。

通常，可以通过以下方法使用该 PasswordEncoderFactories 类。

```
PasswordEncoder passwordEncoder =
    PasswordEncoderFactories.createDelegatingPasswordEncoder();
```

同时，也可以通过 PasswordEncoderFactories 类自定义想要的 DelegatingPasswordEncoder，如下所示。

```
String idForEncode = "bcrypt";
Map encoders = new HashMap<>();
```

```
encoders.put(idForEncode, new BCryptPasswordEncoder());
encoders.put("noop", NoOpPasswordEncoder.getInstance());
encoders.put("pbkdf2", new Pbkdf2PasswordEncoder());
encoders.put("scrypt", new SCryptPasswordEncoder());
encoders.put("sha256", new StandardPasswordEncoder());

PasswordEncoder passwordEncoder =
    new DelegatingPasswordEncoder(idForEncode, encoders);
```

注意，在 Spring Security 中，密码的标准存储格式如下。

```
{id}encodedPassword
```

其中，id 就是 PasswordEncoder 的类型，也就是前面提到的 idForEncode 参数。假设密码原文为"password"，则经过 BCryptPasswordEncoder 进行加密之后的密文为如下所示的字符串。

```
$2a$10$dXJ3SW6G7P50lGmMkkmwe.20cQQubK3.HZWzG3YB1tlRy.fqvM/BG
```

那么最终存储在数据库中的密文是如下所示的字符串。

```
{bcrypt}$2a$10$dXJ3SW6G7P50lGmMkkmwe.20cQQubK3.HZWzG3YB1tlRy.fqvM/BG
```

以上实现过程可以通过查阅 DelegatingPasswordEncoder 的 encode()方法得到验证。

```
@Override
public String encode(CharSequence rawPassword) {
    return PREFIX + this.idForEncode + SUFFIX + this.passwordEncoderForEncode.encode(
rawPassword);
}
```

接下来，我们查看 DelegatingPasswordEncoder 的 matches()方法，如下所示。

```
@Override
public boolean matches(CharSequence rawPassword, String prefixEncodedPassword) {
    if (rawPassword == null && prefixEncodedPassword == null) {
        return true;
    }

    //取出 PasswordEncoder 的 id
    String id = extractId(prefixEncodedPassword);

    //根据 PasswordEncoder 的 id 获取对应的 PasswordEncoder
    PasswordEncoder delegate = this.idToPasswordEncoder.get(id);

    //如果找不到对应的 PasswordEncoder，则使用默认的 PasswordEncoder 进行匹配判断
    if (delegate == null) {
        return this.defaultPasswordEncoderForMatches
            .matches(rawPassword, prefixEncodedPassword);
    }

    //从存储的密码字符串中抽取密文，去掉 id
    String encodedPassword = extractEncodedPassword(prefixEncodedPassword);

    //使用对应的 PasswordEncoder 针对密文进行匹配判断
    return delegate.matches(rawPassword, encodedPassword);
}
```

可以发现，上述方法的流程很明确，根据所提取的 id 获取对应的 PasswordEncoder，然后完成密文的匹配判断。至此，DelegatingPasswordEncoder 的实现原理和 PasswordEncoder 的使用过程介绍完毕。

4.2　Spring Security 加密模块

正如前面所介绍的，我们在使用 Spring Security 时，通常会在涉及用户认证过程时用到加解密技术。但从应用场景而言，加解密技术是一种通用的基础设施类技术，不仅可以用于用户认证，而且可以用于其他任何涉及敏感数据处理的场景。因此，Spring Security 也充分考虑到这种需求，专门提供了一个加密模块 SSCM（Spring Security Crypto Module）。注意，尽管 PasswordEncoder 也属于该模块的一部分，但该模块本身是高度独立的，用户可以脱离用户认证流程使用该模块。

要想独立使用 Spring Security 的加密模块，需要在代码工程中引入如下 Maven 依赖。

```
<dependency>
    <groupId>org.springframework.security</groupId>
    <artifactId>spring-security-crypto</artifactId>
</dependency>
```

从功能上说，Spring Security 加密模块包括两方面的内容——加解密器（Encryptor）和键生成器（Key Generator）。

Spring Security 加密模块中的加解密器典型的使用方式如下。

```
BytesEncryptor e = Encryptors.standard(password, salt);
```

上述方法使用标准的 256 位 AES 算法对输入的 password 字段进行加密，返回的是一个 Bytes-Encryptor。同时，可以看到，这里需要输入一个代表盐值的 salt 字段，而该 salt 值的获取就用到 Spring Security 加密模块的另一个功能——键生成器。

键生成器的使用方式如下。

```
String salt = KeyGenerators.string().generateKey();
```

上述键生成器会创建一个 8 字节的密钥，并将其编码为十六进制字符串。

如果将加解密器和键生成器结合起来，就可以实现通用的加解密机制，如下所示。

```
//获取盐值
String salt = KeyGenerators.string().generateKey();
String password = "secret";
String valueToEncrypt = "HELLO";

//实现加密
BytesEncryptor e = Encryptors.standard(password, salt);
```

```
byte [] encrypted = e.encrypt(valueToEncrypt.getBytes());
byte [] decrypted = e.decrypt(encrypted);
```

在日常开发过程中，用户可以根据需要把上述代码调整之后嵌入到自己的系统中。

4.3　本章小结

对一个 Web 应用程序而言，一旦需要实现用户认证，势必涉及用户密码等敏感信息的加密。为此，Spring Security 专门提供了 PasswordEncoder 组件来实现对密码的加解密。Spring Security 内置了一组即插即用的 PasswordEncoder，并通过代理机制完成各个组件的版本兼容和统一管理。这种设计思想值得大家学习和借鉴。当然，作为一个通用的安全性开发框架，Spring Security 也提供了一个高度独立的加密模块来应对日常开发需求。

第 5 章

案例实战：实现自定义用户认证体系

前面几章已经系统讨论了 Spring Security 所具备的认证、授权及加解密功能，这是该框架为开发人员提供的基础、常用的安全性功能。作为阶段性的总结，本章将把这些功能整合在一起，并通过一个完整的案例给出基于 Spring Security 开发一套自定义用户认证体系的实现方法。

5.1 案例设计和初始化

本章将构建一个简单但又完整的小型 Web 应用程序。当合法用户成功登录系统之后，浏览器会跳转到一个系统主页，并展示一些个人健康档案（HealthRecord）数据。

5.1.1 案例设计

从案例设计上说，该 Web 应用程序采用经典的三层架构——Web 层、服务层和数据访问层，并针对不同层实现 HealthRecordController、HealthRecordService 及 HealthRecordRepository 等类。这是一条独立的代码流程，用来完成系统业务逻辑处理。

另外，本案例的核心功能是实现自定义的用户认证流程，所以需要构建独立的 UserDetailsService 及 AuthenticationProvider，这是另一条独立的代码流程。而在该代码流程中，还需要用到 User 及 UserRepository 等组件。

把这两条代码流程整合在一起，得到案例的整体设计蓝图。案例中的业务代码流程和用户认证流程如图 5-1 所示。

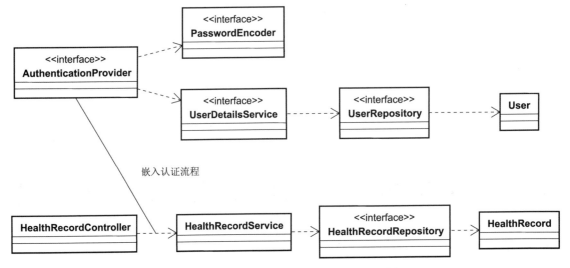

图 5-1 案例中的业务代码流程和用户认证流程

5.1.2 系统初始化

实现图 5-1 中的效果，需要对系统进行初始化。这部分工作涉及领域对象的定义、数据库初始化脚本的整理及相关依赖组件的引入等。

针对领域对象，我们应重点关注如下所示的 User 类定义。

```
@Entity
public class User {

    @Id
    @GeneratedValue(strategy = GenerationType.IDENTITY)
    private Integer id;

    private String username;
    private String password;

    @Enumerated(EnumType.STRING)
    private PasswordEncoderType passwordEncoderType;

    @OneToMany(mappedBy = "user", fetch = FetchType.EAGER)
    private List<Authority> authorities;
    …
}
```

可以看到，这里除了指定主键 "id"、用户名 "username" 和密码 "password"，还包含一个密码编码器枚举值 "PasswordEncoderType"。在该案例系统中，我们提供 BCryptPasswordEncoder 和 SCryptPasswordEncoder 两种可用的密码编码器，都可以通过该枚举值进行设置。

　　同时，User 类还包括一个 Authority 列表。该列表用来指定 User 所具备的权限信息。Authority 类的定义如下。

```
@Entity
public class Authority {

    @Id
    @GeneratedValue(strategy = GenerationType.IDENTITY)
    private Integer id;

    private String name;

    @JoinColumn(name = "user")
    @ManyToOne
    private User user;
    …
}
```

　　不难看出，User 和 Authority 之间是一对多的关联关系，这点和 Spring Security 内置的用户权限模型是一致的。注意，这里使用了一系列来自 JPA（Java Persistence API，Java 持久化 API）规范的注解来定义领域对象之间的关联关系。常见的 JPA 注解包含指定领域实体的@Entity 注解、用于指定表名的@Table 注解、用于标识主键的@Id 注解，以及用于标识自增数据的@GeneratedValue 注解。这些注解的定义都比较简单，在实体类上直接使用即可。

　　同时，这里除了包含常见的一些注解，还引入了一个@OneToMany 注解用来表示 User 与 Authority 之间的一对多关联关系。JPA 规范中提供了 one-to-one、one-to-many、many-to-one、many-to-many 这 4 种关联关系，分别处理一对一、一对多、多对一及多对多的关联场景。

　　基于 User 和 Authority 领域对象及其之间的关联关系，创建数据库表的 SQL 定义如下所示。

```
CREATE TABLE IF NOT EXISTS 'spring_security'.'user' (
  'id' INT NOT NULL AUTO_INCREMENT,
  'username' VARCHAR(45) NOT NULL,
  'password' TEXT NOT NULL,
  'password_encoder_type' VARCHAR(45) NOT NULL,
  PRIMARY KEY ('id'));

CREATE TABLE IF NOT EXISTS 'spring_security'.'authority' (
  'id' INT NOT NULL AUTO_INCREMENT,
  'name' VARCHAR(45) NOT NULL,
  'user' INT NOT NULL,
  PRIMARY KEY ('id'));
```

　　在运行系统之前，我们同样需要先初始化数据，对应脚本如下所示。

```
INSERT IGNORE INTO 'spring_security'.'user' ('id', 'username', 'password', 'password
_encoder_type') VALUES ('1', 'jianxiang', '$2a$10$xn3LI/AjqicFYZFruSwve.681477XaVNaUQbr1gi-
oaWPn4t1KsnmG', 'BCRYPT');
```

```
     INSERT IGNORE INTO 'spring_security'.'authority' ('id', 'name', 'user') VALUES ('1',
'READ', '1');
     INSERT IGNORE INTO 'spring_security'.'authority' ('id', 'name', 'user') VALUES ('2',
'WRITE', '1');

     INSERT IGNORE INTO 'spring_security'.'health_record' ('id', 'username', 'name', 'value')
VALUES ('1', 'jianxiang', 'weight', '70');
     INSERT IGNORE INTO 'spring_security'.'health_record' ('id', 'username', 'name', 'value')
VALUES ('2', 'jianxiang', 'height', '177');
     INSERT IGNORE INTO 'spring_security'.'health_record' ('id', 'username', 'name', 'value')
VALUES ('3', 'jianxiang', 'bloodpressure', '70');
     INSERT IGNORE INTO 'spring_security'.'health_record' ('id', 'username', 'name', 'value')
VALUES ('4', 'jianxiang', 'pulse', '80')
```

注意，这里初始化了一个用户名为"jianxiang"的用户，同时指定它的密码为"12345"，密码编码器为"BCRYPT"。

到此，领域对象和数据层面的初始化工作完成。接下来需要在代码工程的 pom 文件中添加如下所示的 Maven 依赖。

```xml
<dependencies>
        <dependency>
            <groupId>org.springframework.boot</groupId>
            <artifactId>spring-boot-starter-data-jpa</artifactId>
        </dependency>
        <dependency>
            <groupId>org.springframework.boot</groupId>
            <artifactId>spring-boot-starter-security</artifactId>
        </dependency>
        <dependency>
            <groupId>org.springframework.boot</groupId>
            <artifactId>spring-boot-starter-thymeleaf</artifactId>
        </dependency>
        <dependency>
            <groupId>org.springframework.boot</groupId>
            <artifactId>spring-boot-starter-web</artifactId>
        </dependency>

        <dependency>
            <groupId>mysql</groupId>
            <artifactId>mysql-connector-java</artifactId>
            <scope>runtime</scope>
        </dependency>
        <dependency>
            <groupId>org.springframework.security</groupId>
            <artifactId>spring-security-test</artifactId>
            <scope>test</scope>
        </dependency>
</dependencies>
```

这些依赖包都是很常见的，根据包名就能明白其作用。现在案例设计和初始化工作已经完成，接下来讨论如何实现自定义用户认证流程。

5.2 实现自定义用户认证

自定义用户认证过程的实现通常涉及两方面内容：一方面需要通过使用前面介绍的 User 和 Authority 对象来完成定制化的用户管理；另一方面需要把该定制化的用户管理嵌入整个用户认证流程中。

5.2.1 实现用户管理

在 Spring Security 中，代表用户信息的是 UserDetails 接口。第 2 章已介绍过 UserDetails 接口的具体定义。如果想要实现自定义的用户信息，扩展该接口即可。接下来创建一个 CustomUserDetails 类，如下所示。

```java
public class CustomUserDetails implements UserDetails {

    private final User user;

    public CustomUserDetails(User user) {
        this.user = user;
    }

    @Override
    public Collection<? extends GrantedAuthority> getAuthorities() {
        return user.getAuthorities().stream()
                .map(a -> new SimpleGrantedAuthority(a.getName()))
                .collect(Collectors.toList());
    }

    @Override
    public String getPassword() {
        return user.getPassword();
    }

    @Override
    public String getUsername() {
        return user.getUsername();
    }

    @Override
    public boolean isAccountNonExpired() {
        return true;
    }

    @Override
    public boolean isAccountNonLocked() {
        return true;
    }

    @Override
    public boolean isCredentialsNonExpired() {
        return true;
```

```
    }

    @Override
    public boolean isEnabled() {
        return true;
    }

    public final User getUser() {
        return user;
    }
}
```

上述代码中，CustomUserDetails 类实现 UserDetails 接口中约定的所有需要实现的方法。注意，getAuthorities()方法将 User 对象的 Authority 列表转换为 Spring Security 中代表用户权限的 SimpleGrantedAuthority 列表。

所有自定义用户信息和权限信息都是在数据库中维护的，所以为了获取这些信息，需要创建数据访问层组件 UserRepository，如下所示。

```
public interface UserRepository extends JpaRepository<User, Integer> {

    Optional<User> findUserByUsername(String username);
}
```

这里只简单扩展了 Spring Data JPA 中的 JpaRepository 接口，并使用方法名衍生查询机制定义 findUserByUsername()方法，该方法可以基于 Username 字段自动获取 User 对象的详细信息。

到此，我们可以在数据库中维护自定义用户信息，并基于这些用户信息获取 UserDetails 对象，接下来要做的事情就是扩展 UserDetailsService。自定义的 CustomUserDetailsService 实现如下所示。

```
@Service
public class CustomUserDetailsService implements UserDetailsService {

    @Autowired
    private UserRepository userRepository;

    @Override
    public CustomUserDetails loadUserByUsername(String username) {

        User user = userRepository.findUserByUsername(username);
        if(user == null) {
            throw new UsernameNotFoundException("Username" + username + "is invalid!");
        }

        return new CustomUserDetails(user);
    }
}
```

此外，我们可以通过 UserRepository 查询数据库来获取 User 详细信息并封装成 CustomUser-Details 对象，如果传入的用户名没有对应的 User，则会抛出异常。

5.2.2 实现认证流程

再次回顾第 2 章中关于 AuthenticationProvider 的接口定义，如下所示。

```
public interface AuthenticationProvider {

    //执行认证，返回认证结果
    Authentication authenticate(Authentication authentication)
            throws AuthenticationException;

    //判断是否支持当前的认证对象
    boolean supports(Class<?> authentication);
}
```

实现自定义认证流程，就是要实现上述 AuthenticationProvider 接口中的两个方法，而认证过程需要借助前面介绍的 CustomUserDetailsService 实现。AuthenticationProvider 接口的完整实现类 AuthenticationProviderService 如下所示。

```
@Service
public class AuthenticationProviderService implements AuthenticationProvider {

    @Autowired
    private CustomUserDetailsService userDetailsService;

    @Autowired
    private BCryptPasswordEncoder bCryptPasswordEncoder;

    @Autowired
    private SCryptPasswordEncoder sCryptPasswordEncoder;

    @Override
    public Authentication authenticate(Authentication authentication) throws Authenti-
cationException {
        String username = authentication.getName();
        String password = authentication.getCredentials().toString();

        //基于用户名从数据库中获取 CustomUserDetails
        CustomUserDetails user = userDetailsService.loadUserByUsername(username);

        //基于配置的密码加密算法分别验证用户密码
        switch (user.getUser().getPasswordEncoderType()) {
            case BCRYPT:
                return checkPassword(user, password, bCryptPasswordEncoder);
            case SCRYPT:
                return checkPassword(user, password, sCryptPasswordEncoder);
        }

        throw new  BadCredentialsException("Bad credentials");
    }
```

```
        @Override
        public boolean supports(Class<?> aClass) {
            return UsernamePasswordAuthenticationToken.class.isAssignableFrom(aClass);
        }

        private Authentication checkPassword(CustomUserDetails user, String rawPassword,
PasswordEncoder encoder) {
            if (encoder.matches(rawPassword, user.getPassword())) {
                return new UsernamePasswordAuthenticationToken(user.getUsername(), user.
getPassword(), user.getAuthorities());
            } else {
                throw new BadCredentialsException("Bad credentials");
            }
        }
    }
```

虽然 AuthenticationProviderService 类较长，但代码都是自解释的。首先，通过 CustomUserDetails-Service 从数据库中获取用户信息并构造成 CustomUserDetails 对象。然后，根据指定的密码编码器对用户密码进行验证，如果验证通过则构建一个 UsernamePasswordAuthenticationToken 对象并返回，反之直接抛出 BadCredentialsException 异常。而在 supports()方法中指定所支持认证对象的就是该目标的 UsernamePasswordAuthenticationToken 对象。

5.2.3 实现安全配置

最后，通过 Spring Security 提供的配置体系将前面介绍的所有内容串联起来，如下所示。

```
@Configuration
public class SecurityConfig extends WebSecurityConfigurerAdapter {

    @Autowired
    private AuthenticationProviderService authenticationProvider;

    @Bean
    public BCryptPasswordEncoder bCryptPasswordEncoder() {
        return new BCryptPasswordEncoder();
    }
    @Bean
    public SCryptPasswordEncoder sCryptPasswordEncoder() {
        return new SCryptPasswordEncoder();
    }

    @Override
    protected void configure(AuthenticationManagerBuilder auth) {
        auth.authenticationProvider(authenticationProvider);
    }

    @Override
    protected void configure(HttpSecurity http) throws Exception {
        http.formLogin()
            .defaultSuccessUrl("/index", true);
        http.authorizeRequests().anyRequest().authenticated();
    }
}
```

　　这里注入了已经构建完成的 AuthenticationProviderService，并初始化了两个密码编码器 BCryptPasswordEncoder 和 SCryptPasswordEncoder。然后，覆写 WebSecurityConfigurerAdapter 配置适配器类中的 configure()方法，并指定用户登录成功之后将跳转到"/index"路径所指定的页面。

　　相对应地，我们需要构建 IndexController 类来指定"/index"路径，并展示业务数据的获取过程，如下所示。

```
@Controller
public class IndexController {
    @Autowired
    private HealthRecordService healthRecordService;

    @GetMapping("/index")
    public String index(Authentication a, Model model) {
        String userName = a.getName();
        model.addAttribute("username", userName);
        model.addAttribute("healthRecords", healthRecordService.getHealthRecordsByUsername
(userName));
        return "index.html";
    }
}
```

　　由上述代码可知，通过 Authentication 对象获取认证用户信息，通过 HealthRecordService 获取健康档案信息。HealthRecordService 的实现过程非常简单，只须通过 HealthRecordRepository 从数据库中获取对应数据即可，如下所示。

```
public class HealthRecordService {

    @Autowired
    private HealthRecordRepository healthRecordRepository;

    public List<HealthRecord> getHealthRecordsByUsername(String userName) {

        return healthRecordRepository.getHealthRecordsByUsername(userName);
    }
}
```

　　注意，这里所指定的 index.html 位于代码工程的 resources/templates 目录下，该页面基于 thymeleaf 模板引擎构建，如下所示。

```
<!DOCTYPE html>
<html lang="en" xmlns:th="http://www.thymeleaf.org">
    <head>
        <meta charset="UTF-8">
        <title>健康档案</title>
    </head>
    <body>
        <h2 th:text="'你好, ' + ${username} + '!'" />
        <p><a href="/logout">退出登录</a></p>
```

```
<h2>个人健康档案:</h2>
<table>
    <thead>
    <tr>
        <th> 健康指标名称 </th>
        <th> 健康指标值 </th>
    </tr>
    </thead>
    <tbody>
    <tr th:if="${healthRecords.empty}">
        <td colspan="2"> 无健康指标 </td>
    </tr>
    <tr th:each="healthRecord : ${healthRecords}">
        <td><span th:text="${healthRecord.name}"> 健康指标名称 </span></td>
        <td><span th:text="${healthRecord.value}"> 健康指标值 </span></td>
    </tr>
    </tbody>
</table>
</body>
</html>
```

可以看到，这里只是简单从 Model 对象中获取认证用户信息及健康档案信息，并渲染在页面上。

启动案例代码中的 Spring Boot 应用程序，并访问"http://localhost:8080"端点。因为基于安全配置，访问系统的任何端点都需要认证，所以 Spring Security 会自动跳转至登录界面。

在登录界面中，分别输入用户名"jianxiang"和密码"12345"，系统就会跳转至系统主页。在该系统主页中，如果正确获取了登录用户的用户名和个人健康档案信息，则说明自定义用户认证体系构建完成。

5.3 本章小结

本章展示了利用 Spring Security 基础功能保护 Web 应用程序的实现方法，综合应用了第 2 章～第 4 章的核心知识点。本章基于一个简单而又完整的案例系统，通过构建用户管理和认证流程讲解了自定义用户认证机制的实现过程。读者可以基于本书配套的案例代码并结合日常开发中的具体业务需求对代码进行改造，从而满足不同场景下的开发需求。

第 3 篇

扩展插件

本篇共有 4 章，全面介绍了 Spring Security 框架所具备的扩展插件机制。一方面，对于 Web 应用程序，读者可以使用过滤器定制化各种安全性策略，并集成跨站请求伪造保护和跨域访问等功能。另一方面，对于非 Web 类应用程序，读者也可以使用 Spring Security 完成方法级别的安全控制。

- 第 6 章详细剖析了 Spring Security 所具备的过滤器架构，并提供了自定义过滤器的实现机制。同时分析了 Spring Security 内置的过滤器。
- 第 7 章分析了基于 Spring Security 如何提供 CSRF 保护和实现 CORS 的开发流程，这两种技术体系都基于第 6 章介绍的过滤器机制实现。
- 第 8 章分析了面向非 Web 应用程序的全局方法安全机制，并通过注解分别实现了方法级别授权和方法级别过滤。
- 第 9 章通过案例实现了安全认证领域常见的多因素认证机制，包括用户名/密码认证，以及用户名/授权码认证。

第 6 章

过滤器

第 3 章介绍 Spring Security 的授权流程时提到过滤器的概念。过滤器是一种通用机制，在处理 Web 请求的过程中发挥了重要作用，其广泛应用于各种请求-响应式系统中，Spring Security 实现了一套强大的过滤器机制。本章将详细剖析 Spring Security 的过滤器架构，并给出 Spring Security 的过滤器链表现形式，以及部分具有代表性的过滤器实现。

同时，过滤器架构也为系统提供了一种扩展性，很多时候开发人员需要自定义过滤器，从而在 Spring Security 中嵌入满足自身需求的安全性处理逻辑。本章也将全面介绍实现自定义过滤器的系统方法。

6.1 Spring Security 过滤器架构

可以说，目前市面上所有的 Web 开发框架或多或少使用了过滤器来完成对请求的处理，Spring Security 也不例外。Spring Security 中的过滤器架构是基于 Servlet 构建的，因此，下面先对 Servlet 中的过滤器进行介绍。

6.1.1 Servlet 与管道-过滤器模式

跟业界大多数处理 Web 请求的框架一样，Servlet 的基本的架构模式也是管道-过滤器（Pipe-Filter）模式。管道-过滤器架构模式如图 6-1 所示。

在图 6-1 中，处理业务逻辑的组件称为过滤器，而处理结果通过相邻过滤器之间的管道进行传输，从而构成一个过滤器链。

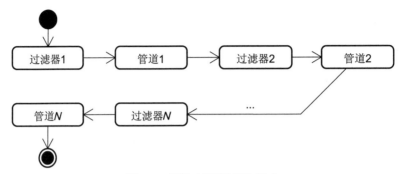

图 6-1 管道-过滤器架构模式

在 Servlet 中,代表过滤器的 Filter 接口定义如下。

```
public interface Filter {

    public void init(FilterConfig filterConfig) throws ServletException;

    public void doFilter(ServletRequest request, ServletResponse response, FilterChain
chain) throws IOException, ServletException;

    public void destroy();
}
```

当应用程序启动时,Servlet 容器会调用 init()方法。该方法只会调用一次,所以该方法中应该包含初始化该过滤器的相关代码。对应地,destroy()方法用于释放该过滤器所占有的资源。

一个过滤器组件所包含的业务逻辑应该位于 doFilter()方法中,该方法带有三个参数,分别是 ServletRequest、ServletResponse 和 FilterChain。这三个参数都很重要,具体说明如下。

- ServletRequest:表示 HTTP 请求,人们使用该对象获取与请求相关的详细信息。
- ServletResponse:表示 HTTP 响应,人们使用该对象构建响应结果,然后将其发送回客户端或沿着过滤器链向后传递。
- FilterChain:表示过滤器链,人们使用该对象将请求转发到过滤器链中的下一个过滤器。

注意,过滤器链中的过滤器是有顺序的,这点非常重要,本章后续内容会针对这点做进一步说明。

6.1.2 Spring Security 中的过滤器链

Spring Security 的核心是一组过滤器链,在框架启动后将会自动进行初始化,如图 6-2 所示。

Spring Security 常用的几个过滤器,如 UsernamePasswordAuthenticationFilter、BasicAuthenticationFilter 等都直接或间接实现了 Servlet 中的过滤器接口,并完成某项具体的认证机制。例如,

BasicAuthenticationFilter 用来验证用户的身份凭证，而 UsernamePasswordAuthenticationFilter 会检查输入的用户名和密码并根据认证结果决定是否将这一结果传递给下一个过滤器。

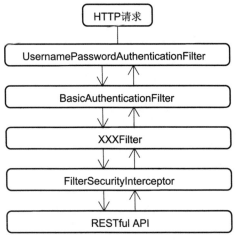

图 6-2　Spring Security 中的过滤器链

注意，整个 Spring Security 过滤器链的末端是一个 FilterSecurityInterceptor，它本质上也是一个过滤器。但与其他用于完成认证操作的过滤器不同，其核心功能是实现权限控制，也就是用来判定该请求能否访问目标 HTTP 端点。FilterSecurityInterceptor 的权限控制的粒度可以达到方法级别，能够满足前面提到的精细化访问控制。3.3 节中已经对该拦截器做了详细介绍。

通过上述分析，我们可以明确，在 Spring Security 中，认证和授权这两个安全性需求是通过一系列过滤器实现的。而过滤器的真正价值是不仅实现了认证和授权，而且为开发人员提供了一个扩展 Spring Security 框架的有效手段。我们可以通过自定义过滤器在 Spring Security 嵌入各种定制化的安全性处理逻辑。

6.2　实现自定义过滤器

在 Spring Security 中创建一个新的过滤器并不复杂，只需要遵循 Servlet 所提供的过滤器接口约定即可。

6.2.1　开发过滤器

对于开发自定义过滤器的需求，经典的应用场景是记录 HTTP 请求的访问日志，如下所示。

```
public class LoggingFilter implements Filter {

    private final Logger logger =
            Logger.getLogger(LoggingFilter.class.getName());

    @Override
    public void doFilter(ServletRequest request, ServletResponse response, FilterChain
filterChain) throws IOException, ServletException {
        HttpServletRequest httpRequest = (HttpServletRequest) request;

        //从 ServletRequest 获取请求数据并记录
        String uniqueRequestId = httpRequest.getHeader("UniqueRequestId");
        logger.info("Authtication for: " + uniqueRequestId);

        //将请求在过滤器链上继续传递
        filterChain.doFilter(request, response);
    }
}
```

上述代码定义了一个 LoggingFilter，用来记录已经通过用户认证的请求中所包含的一个特定的消息头 "UniqueRequestId"。通过这个唯一的请求 Id，人们可以对请求进行跟踪、监控和分析。在实现一个自定义的过滤器组件时，通常都会从 ServletRequest 中获取请求参数，在 ServletResponse 中设置响应结果，并通过 FilterChain 的 doFilter()方法让请求在过滤器链上继续传递。

假设业务上需要基于客户端请求头中是否包含某一个特定的标志位来决定请求是否有效，则其处理流程如图 6-3 所示。

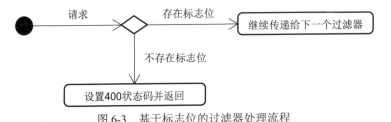

图 6-3　基于标志位的过滤器处理流程

图 6-3 所示为现实开发过程中常见的一种应用场景，用来实现定制化的安全性控制。针对该应用场景，可以实现如下所示的 RequestCheckerFilter 过滤器。

```
public class RequestCheckerFilter implements Filter {

    @Override
    public void doFilter(ServletRequest request, ServletResponse response, FilterChain
filterChain) throws IOException, ServletException {
        HttpServletRequest httpRequest = (HttpServletRequest) request;
        HttpServletResponse httpResponse = (HttpServletResponse) response;
        String requestId = httpRequest.getHeader("SecurityFlag");
        if (requestId == null || requestId.isBlank()) {
            httpResponse.setStatus(HttpServletResponse.SC_BAD_REQUEST);
            return;
```

```
        }

        filterChain.doFilter(request, response);
    }
}
```

可以尝试从 HttpServletRequest 对象的请求头中获取"SecurityFlag"标志位。如果没有该标志位，则直接抛出一个 400 Bad Request 响应结果。如果有需要，也可以实现各种自定义的异常处理逻辑。

6.2.2 配置过滤器

现在，我们已经实现了几个过滤器，下一步是将这些过滤器整合到 Spring Security 的过滤器链中。注意，和 Servlet 中的过滤器一样，Spring Security 中的过滤器也是有顺序的。也就是说，过滤器在过滤器链的哪个位置需要考虑过滤器本身的功能特性，而不能随意排列组合。

下面举例说明合理设置过滤器顺序的必要性。2.1 节已经提到过 HTTP 基础认证机制，而在 Spring Security 中，实现这一认证机制的就是 BasicAuthenticationFilter。显然，如果想要实现定制化的安全性控制策略，可以开发类似 RequestCheckerFilter 的过滤器，并放置在 Basic-AuthenticationFilter 前面。这样，在执行用户认证之前，就可以排除一批无效请求，Request-CheckerFilter 的位置关系如图 6-4 所示。

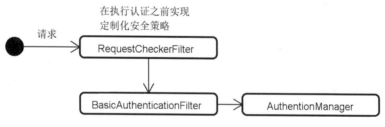

图 6-4 RequestCheckerFilter 的位置关系

图 6-4 中的 RequestCheckerFilter 确保了那些没有携带有效请求头信息的请求不会执行不必要的用户认证。对于该场景，再把 RequestCheckerFilter 放在 BasicAuthenticationFilter 之后就不合适了，因为用户已经完成认证操作。

对于前面构建的 LoggingFilter，原则上可以把它放在过滤器链的任意位置，因为它只记录了日志。但是，有没有更合适的位置呢？这里结合 RequestCheckerFilter 来分析，一方面，对一个无效请求而言，记录日志是没有意义的，所以 LoggingFilter 应该放置在 RequestCheckerFilter 之后；另一方面，对日志操作而言，通常都只须记录那些已经通过认证的请求，所以推荐将 LoggingFilter 放在 BasicAuthenticationFilter 之后。最终，这三个过滤器的位置关系如图 6-5 所示。

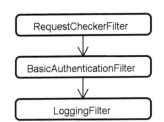

图 6-5 三个过滤器的位置关系

Spring Security 提供了一组将过滤器添加到过滤器链的方法，包括 addFilterBefore()、addFilter-After()、addFilterAt()及 addFilter()方法等，它们都定义在 HttpSecurity 类中。这些方法的含义都很明确，使用起来也很简单。例如，想要实现如图 6-5 所示的效果，可以使用如下所示代码。

```java
@Override
protected void configure(HttpSecurity http) throws Exception {
        http.addFilterBefore(
                new RequestCheckerFilter(),
                BasicAuthenticationFilter.class)
            .addFilterAfter(
                new LoggingFilter(),
                BasicAuthenticationFilter.class)
            .authorizeRequests()
            .anyRequest()
            .permitAll();
}
```

上述代码使用addFilterBefore()和addFilterAfter()方法分别在BasicAuthenticationFilter之前和之后添加了 RequestCheckerFilter 和 LoggingFilter。

6.3 Spring Security 中的过滤器

表 6-1 列举了 Spring Security 中常用过滤器的名称、功能及其之间的顺序关系。

表 6-1 Spring Security 中的常见过滤器一览表

顺序	名称	功能
1	ChannelProcessingFilter	可根据配置进行协议的重定向
2	SecurityContextPersistenceFilter	针对每个 Web 请求，在结束时将 SecurityContext 保存到 HttpSession 中
3	ConcurrentSessionFilter	刷新 Session 的最后更新时间并判断 Session 是否过期

续表

顺序	名称	功能
4	UsernamePasswordAuthenticationFilter、CasAuthenticationFilter、BasicAuthenticationFilter 等	Spring Security 内置的一组认证过滤器
5	SecurityContextHolderAwareRequestFilter	安全上下文控制过滤器
6	JaasApiIntegrationFilter	Jaas 相关过滤器
7	RememberMeAuthenticationFilter	提供 "Remember Me" 功能的过滤器
8	AnonymousAuthenticationFilter	匿名授权过滤器
9	ExceptionTranslationFilter	异常捕获和处理过滤器
10	FilterSecurityInterceptor	权限控制过滤器

下面将以基础的 UsernamePasswordAuthenticationFilter 为例进行讲解，该类的定义及核心方法 attemptAuthentication()如下所示。

```
public class UsernamePasswordAuthenticationFilter extends
        AbstractAuthenticationProcessingFilter {

    public Authentication attemptAuthentication(HttpServletRequest request,
            HttpServletResponse response) throws AuthenticationException {
        if (postOnly && !request.getMethod().equals("POST")) {
            throw new AuthenticationServiceException(
                    "Authentication method not supported: " + request.getMethod());
        }

        String username = obtainUsername(request);
        String password = obtainPassword(request);

        if (username == null) {
            username = "";
        }

        if (password == null) {
            password = "";
        }

        username = username.trim();

        UsernamePasswordAuthenticationTokenauthRequest = new UsernamePasswordAuthen-
ticationToken(
                username, password);

        setDetails(request, authRequest);

        return this.getAuthenticationManager().authenticate(authRequest);
```

```
        }
        …
}
```

围绕上述方法，并结合前面已经介绍的认证和授权相关实现原理，Spring Security 中一系列核心类及其之间的关联关系如图 6-6 所示。

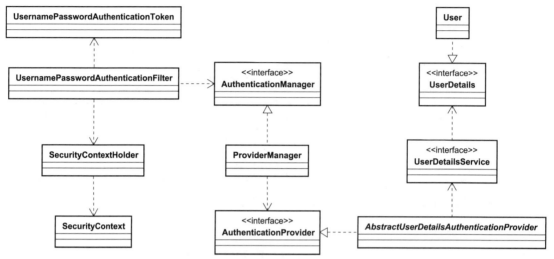

图 6-6 UsernamePasswordAuthenticationFilter 相关核心类之间的关联关系

我们通过类名就能明白图 6-6 中类的含义和作用。以位于左下角的 SecurityContextHolder 类为例，这是一个典型的 Holder 类，它存储了安全上下文对象 SecurityContext，而该上下文对象中包含用户的认证信息。

以 UsernamePasswordAuthenticationFilter 为例，一个 HTTP 请求到达之后，会通过一系列的 Filter 完成用户认证，而具体的认证工作交由 AuthenticationManager 完成，这个过程又会涉及 AuthenticationProvider 及 UserDetailsService 等多个核心组件之间的交互。关于 Spring Security 中认证流程的详细描述，可以回顾第 2 章中的相关内容。

6.4 本章小结

本章主要讲解 Spring Security 中的一个核心组件——过滤器。在请求-响应式处理框架中，过滤器发挥着重要的作用，用来实现对请求的拦截，以及定义认证和授权逻辑。此外，还可以根据需要自定义过滤器组件，从而实现对 Spring Security 的动态扩展。本章对 Spring Security 中的过滤器架构及自定义过滤器方法都做了详细介绍。

第 7 章

CSRF 和 CORS

通过前面内容的学习，读者应该已经掌握 Spring Security 所提供的多项核心功能，但正如第 1 章所提到的，人们所面临的系统安全性问题远不止如此。本章将讨论日常开发过程中常见的两个安全性话题——CSRF 和 CORS。这两个缩写名称看似陌生，但却和应用程序的每次请求都有关联，Spring Security 对它们也提供了很好的开发支持。

7.1　使用 Spring Security 提供 CSRF 保护

首先来学习 CSRF。CSRF 的全称是 Cross-Site Request Forgery，翻译成中文是跨站请求伪造。那么，究竟什么是跨站请求伪造呢？下面具体介绍。

7.1.1　CSRF 基本概念

从安全性的角度来说，可以把 CSRF 理解为一种攻击手段，即攻击者盗用用户身份，然后以用户名义向第三方网站发送恶意请求。可以使用如图 7-1 所示的流程图来描述 CSRF 的整个攻击过程。

图 7-1 中的流程说明如下。

- 用户浏览并登录信任的网站 A，认证通过之后会在浏览器中生成针对 A 网站的 Cookie。
- 用户在没有退出网站 A 的情况下访问网站 B，然后网站 B 向网站 A 发起一个请求。
- 用户浏览器根据网站 B 的请求，携带 Cookie 访问网站 A。由于浏览器会自动带上用户的 Cookie，所以网站 A 接收到请求之后会根据用户所具备的权限进行访问控制，相当于用户在访问网站 A。这样网站 B 就达到模拟用户操作的效果。

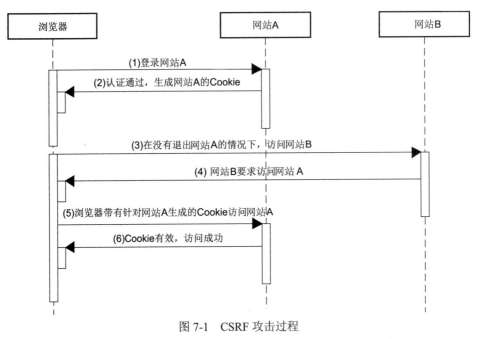

图 7-1　CSRF 攻击过程

显然，从 Web 应用程序开发的角度来说，CSRF 就是系统的一个安全漏洞，而这种安全漏洞在 Web 开发中广泛存在。

基于 CSRF 的工作流程，进行 CSRF 保护的基本思想就是为系统中的每个连接请求加上一个随机值，人们称之为 csrf_token。这样，当用户向网站 A 发送请求时，网站 A 会在生成的 Cookie 中设置这个 csrf_token 值。而在浏览器发送请求时，所提交的表单数据中也会有一个隐藏的 csrf_token 值。这样网站 A 接收到请求之后，一方面从 Cookie 中提取出 csrf_token，另一方面从表单提交数据中获取隐藏的 csrf_token，将两者进行比对，如果不一致就代表这是一个伪造的请求。

7.1.2　使用 CsrfFilter

Spring Security 专门提供了一个过滤器组件——CsrfFilter 来实现对 CSRF 的保护。CsrfFilter 拦截请求，并允许通过那些使用 GET、HEAD、TRACE 和 OPTIONS 等 HTTP 方法的请求。而对于 PUT、POST、DELETE 等会修改数据的其他请求，CsrfFilter 希望接收包含 csrf_token 值的消息头。如果该消息头不存在或包含不正确的 csrf_token 值，则 Web 应用程序将拒绝该请求并将响应的状态设置为 403 状态码。

讲到这里，读者可能会问，这个 csrf_token 值到底是什么呢？它本质上可以理解为一个字符串。Spring Security 专门定义了一个 CsrfToken 接口来约定它的格式，如下所示。

```java
public interface CsrfToken extends Serializable {

    //获取消息头名称
    String getHeaderName();

    //获取应该包含令牌值的参数名称
    String getParameterName();

    //获取具体的令牌值
    String getToken();
}
```

而在 CsrfFilter 类中，可以找到如下所示的针对 CsrfToken 值的处理过程。

```java
@Override
protected void doFilterInternal(HttpServletRequest request,
        HttpServletResponse response, FilterChain filterChain)
                throws ServletException, IOException {
    request.setAttribute(HttpServletResponse.class.getName(), response);
    //从 CsrfTokenRepository 中获取 CsrfToken 值
    CsrfToken csrfToken = this.tokenRepository.loadToken(request);
    final boolean missingToken = csrfToken == null;

    //如果找不到 CsrfToken 值就生成一个，并保存到 CsrfTokenRepository 中
    if (missingToken) {
        csrfToken = this.tokenRepository.generateToken(request);
        this.tokenRepository.saveToken(csrfToken, request, response);
    }

    //在请求中添加 CsrfToken 值
    request.setAttribute(CsrfToken.class.getName(), csrfToken);
    request.setAttribute(csrfToken.getParameterName(), csrfToken);

    if (!this.requireCsrfProtectionMatcher.matches(request)) {
        filterChain.doFilter(request, response);
        return;
    }

    //从请求中获取 CsrfToken 值
    String actualToken = request.getHeader(csrfToken.getHeaderName());
    if (actualToken == null) {
        actualToken = request.getParameter(csrfToken.getParameterName());
    }

    //如果请求所携带的 CsrfToken 值与从 Repository 中获取的不同，则抛出异常
    if (!csrfToken.getToken().equals(actualToken)) {
        if (this.logger.isDebugEnabled()) {
            this.logger.debug("Invalid CSRF token found for "
                    +UrlUtils.buildFullRequestUrl(request));
        }
        if (missingToken) {
```

```
            this.accessDeniedHandler.handle(request, response,
                    new MissingCsrfTokenException(actualToken));
        }
        else {
            this.accessDeniedHandler.handle(request, response,
                    new InvalidCsrfTokenException(csrfToken, actualToken));
        }
        return;
    }

    //正常情况下继续执行过滤器链的后续流程
    filterChain.doFilter(request, response);
}
```

整个过滤器执行流程还是比较清晰的，基本上都围绕 CsrfToken 值的校验工作进行。注意，这里引入了一个 CsrfTokenRepository，用以提供对 CsrfToken 值的存储管理，其中就包含前面提到的专门处理 Cookie 的 CookieCsrfTokenRepository。在 CookieCsrfTokenRepository 中，首先可以看到一组常量定义，其中包括针对 CSRF 的 Cookie 名称、参数名称及消息头名称，如下所示。

```
static final String DEFAULT_CSRF_COOKIE_NAME = "XSRF-TOKEN";
static final String DEFAULT_CSRF_PARAMETER_NAME = "_csrf";
static final String DEFAULT_CSRF_HEADER_NAME = "X-XSRF-TOKEN";
```

CookieCsrfTokenRepository 的 saveToken()方法也比较简单——基于 Cookie 对象进行 Csrf Token 值的设置工作，如下所示。

```
@Override
public void saveToken(CsrfToken token, HttpServletRequest request,
        HttpServletResponse response) {
    String tokenValue = token == null ? "" : token.getToken();
    Cookie cookie = new Cookie(this.cookieName, tokenValue);
    cookie.setSecure(request.isSecure());
    if (this.cookiePath != null && !this.cookiePath.isEmpty()) {
            cookie.setPath(this.cookiePath);
    }else {
            cookie.setPath(this.getRequestContext(request));
    }
    if (token == null) {
        cookie.setMaxAge(0);
    }
    else {
        cookie.setMaxAge(-1);
    }
    cookie.setHttpOnly(cookieHttpOnly);
    if (this.cookieDomain != null && !this.cookieDomain.isEmpty()) {
        cookie.setDomain(this.cookieDomain);
    }

    response.addCookie(cookie);
}
```

在 Spring Security 中，CsrfTokenRepository 接口包含一组实现类，除了 CookieCsrfToken Repository，还有 HttpSessionCsrfTokenRepository 等，这里不再一一介绍。

介绍完 CsrfFilter 的基本实现流程，接下来我们讨论如何基于其来实现 CSRF 保护。从 4.0 开始，Spring Security 默认启用 CSRF 保护，以防止 CSRF 攻击 Web 应用程序。Spring Security 会针对 POST、PUT 和 DELETE 方法进行防护。因此，对开发人员而言，实际上并不需要做任何事情就可以使用该功能。当然，如果不想使用这个功能，也可以通过如下配置方法关闭它。

```
http.csrf().disable();
```

Spring Security 不仅提供了内置的完整解决方案，而且开放了入口让开发人员可以定制化 CSRF 的保护方式，7.1.3 节将讨论这一话题。

7.1.3 定制化 CSRF 保护

根据前面的介绍，可知若想获取 HTTP 请求中的 CsrfToken 值，使用如下所示的代码即可。

```
CsrfToken token = (CsrfToken)request.getAttribute("_csrf");
```

而如果不想使用 Spring Security 内置的存储方式，而是基于自身需求存储 CsrfToken 值，要做的事情就是实现 CsrfTokenRepository 接口。若想将 CsrfToken 值保存到关系型数据库中，首先扩展 Spring Data 中的 JpaRepository 来定义一个 JpaTokenRepository，如下所示。

```
public interface JpaTokenRepository extends JpaRepository<Token, Integer> {

    Optional<Token> findTokenByIdentifier(String identifier);
}
```

JpaTokenRepository 接口的定义很简单，只有一个根据 identifier 获取令牌的查询方法，而新增接口则是 JpaRepository 默认提供的，人们可以直接使用。

然后，基于 JpaTokenRepository 构建一个 DatabaseCsrfTokenRepository，如下所示。

```
public class DatabaseCsrfTokenRepository
        implements CsrfTokenRepository {

    @Autowired
    private JpaTokenRepository jpaTokenRepository;

    @Override
    public CsrfToken generateToken(HttpServletRequest httpServletRequest) {
        String uuid = UUID.randomUUID().toString();
        return new DefaultCsrfToken("X-CSRF-TOKEN", "_csrf", uuid);
    }
```

```
    @Override
    public void saveToken(CsrfToken csrfToken, HttpServletRequest httpServletRequest,
HttpServletResponse httpServletResponse) {
        String identifier = httpServletRequest.getHeader("X-IDENTIFIER");
        Optional<Token> existingToken =
    jpaTokenRepository.findTokenByIdentifier(identifier);

        if (existingToken.isPresent()) {
          Token token = existingToken.get();
          token.setToken(csrfToken.getToken());
        } else {
          Token token = new Token();
          token.setToken(csrfToken.getToken());
          token.setIdentifier(identifier);
          jpaTokenRepository.save(token);
        }
    }

    @Override
    public CsrfToken loadToken(HttpServletRequest httpServletRequest) {
        String identifier = httpServletRequest.getHeader("X-IDENTIFIER");
        Optional<Token> existingToken =
    jpaTokenRepository.findTokenByIdentifier(identifier);

        if (existingToken.isPresent()) {
            Token token = existingToken.get();
            return new DefaultCsrfToken("X-CSRF-TOKEN", "_csrf", token.getToken());
        }

        return null;
    }
}
```

DatabaseCsrfTokenRepository 类的代码基本都是自解释的，这里借助了 HTTP 请求中的
“X-IDENTIFIER” 请求头来确定请求的唯一标识，从而将该唯一标识与特定的 CsrfToken 值关联
起来。然后，使用 JpaTokenRepository 完成针对关系型数据库的持久化工作。

最后，想要上述代码生效，还需要使用配置方法完成对 CSRF 的设置，示例代码如下所示。
这里直接通过 csrfTokenRepository 方法集成自定义的 DatabaseCsrfTokenRepository。

```
@Override
protected void configure(HttpSecurity http) throws Exception {

    http.csrf(c -> {
        c.csrfTokenRepository(databaseCsrfTokenRepository ());
    });
        …
}
```

综上所述，定制化 CSRF 过程中所包含的各个组件及其之间的关联关系如图 7-2 所示。

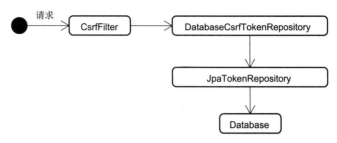

图 7-2 定制化 CSRF 过程中的相关组件及其之间的关联关系

7.2 使用 Spring Security 实现 CORS

介绍完 CSRF，接下来我们将学习 Web 应用程序开发过程中另一个常见的需求——CORS（Cross-Origin Resource Sharing，跨域资源共享）。那么，什么是跨域呢？

7.2.1 CORS 基本概念

当下的 Web 应用程序开发，基本都采用了前后端分离的开发模式，数据的获取并非同源，所以跨域问题在日常开发中比较常见。例如，当人们从 "test.com" 这个域名发起请求时，浏览器从安全因素考虑，并不会允许请求去访问 "api.test.com" 这个域名，因为请求已经跨越了两个域名。

注意，跨域是浏览器的一种同源安全策略，是浏览器单方面限制的，所以仅有客户端运行在浏览器时才需要考虑这个问题。从原理上说，跨域实际上就是在 HTTP 请求的消息头部分新增了一些字段，如下所示。

```
//浏览器自己设置的请求域名
Origin
//浏览器告诉服务器请求需要用到的 HTTP 方法
Access-Control-Request-Method
//浏览器告诉服务器请求需要用到的 HTTP 消息头
Access-Control-Request-Headers
```

当浏览器进行跨域请求的时候会和服务器端进行一次握手，从响应结果中可以获取如下信息。

```
//指定哪些客户端的域名允许访问这个资源
Access-Control-Allow-Origin
//服务器支持的 HTTP 方法
Access-Control-Allow-Methods
//需要在正式请求中加入的 HTTP 消息头
Access-Control-Allow-Headers
```

因此，实现 CORS 的关键是服务器。只要服务器合理设置了这些响应结果中的消息头，就相当于实现对 CORS 的支持，从而支持跨源通信。

7.2.2 使用 CorsFilter

和 CsrfFilter 过滤器一样，Spring 框架也存在一个 CorsFilter 过滤器，不过该过滤器并非由 Spring Security 提供，而是由 Spring WebMVC 提供。CorsFilter 过滤器会先判断来自客户端的请求是不是一个跨域请求，然后根据 CORS 配置判断该请求是否合法，如下所示。

```
@Override
protected void doFilterInternal(HttpServletRequest request, HttpServletResponse response,
FilterChain filterChain) throws ServletException, IOException {

    if (CorsUtils.isCorsRequest(request)) {
        CorsConfiguration corsConfiguration = this.configSource.getCorsConfiguration(
request);
        if (corsConfiguration != null) {
            boolean isValid = this.processor.processRequest(corsConfiguration, request,
response);
            if (!isValid || CorsUtils.isPreFlightRequest(request)) {
                return;
            }
        }
    }
    filterChain.doFilter(request, response);
}
```

显然，上述流程的关键是创建合适的配置类 CorsConfiguration。基于 CorsFilter，Spring Security 也在 HttpSecurity 工具类中提供了一个 cors()方法用来创建 CorsConfiguration，如下所示。

```
@Override
protected void configure(HttpSecurity http) throws Exception {
    http.cors(c -> {
        CorsConfigurationSource source = request -> {
            CorsConfiguration config = new CorsConfiguration();
            config.setAllowedOrigins(Arrays.asList("*"));
            config.setAllowedMethods(Arrays.asList("*"));
            return config;
        };
        c.configurationSource(source);
    });
    …
}
```

上述代码可以通过 setAllowedOrigins()和 setAllowedMethods()方法实现对 HTTP 响应消息头的设置。将它们都设置成“*”表示所有请求都可以进行跨域访问。人们也可以根据需要设置特定的域名和 HTTP 方法。

7.2.3 使用@CrossOrigin 注解

通过 CorsFilter，人们实现了全局级别的跨域设置。但有时候，人们可能只须针对某些请求实现这一功能。通过 Spring Security 也可以做到这一点，在特定的 HTTP 端点上使用如下所示的 @CrossOrigin 注解即可。

```java
@Controller
public class TestController {

    @PostMapping("/hello")
    @CrossOrigin("http://api.test.com:8080")
    public String hello() {
        return "hello";
    }
}
```

默认情况下，@CrossOrigin 注解允许使用所有的域和消息头，同时会将 Controller 中的端点映射到所有 HTTP 方法。

7.3 本章小结

本章注重对 Web 请求安全性的讨论，介绍了日常开发过程中常见的两个概念——CSRF 和 CORS。这两个概念有时候容易混淆，但它们应对的是两种完全不同的应用场景。CSRF 是一种攻击行为，所以需要针对这种行为进行保护，而 CORS 更多的是一种前后端开发模式上的约定。Spring Security 针对这两种应用场景都提供了对应的过滤器，人们只需要通过简单的配置方法就能在系统中自动集成想要的功能。

第 8 章

全局方法安全

到目前为止，我们已经掌握了越来越多 Spring Security 提供的安全性功能，包括基础的认证和授权功能。但是，需要注意的是，这些功能面向的对象都是 Web 应用程序，也就说，常见的认证和授权机制的目标资源是一系列 HTTP 端点。那么，如果人们开发的不是一个 Web 应用程序呢？认证和授权是否还能够发挥作用呢？答案是肯定的，本章将讨论针对方法级别的安全访问策略，以确保一个普通应用程序中的各个组件都能具备安全性保障。

8.1 全局方法安全机制

想要理解方法级别的安全机制，先来剖析一下一个典型的应用程序所具备的各层组件。这里以 Spring Boot 应用程序为例，该应用程序采用经典的分层架构，即将应用程序分成 Web 层、Service 层和 Repository 层。注意，三层架构中的 Service 层组件可能还会调用其他的服务或第三方组件。各层组件围绕某个业务链路提供了对应的实现方法，人们需要针对这些方法开展安全控制。因此，可以认为这种安全控制不是只面向 Web 层组件，而是面向全局方法级别的，所以也称为全局方法安全（Global Method Security）机制，如图 8-1 所示。

图 8-1　全局方法安全机制

那么，全局方法安全机制具体能给我们带来什么呢？通常包括两个方面——方法调用授权和方法调用过滤。

方法调用授权的含义很明确，与 HTTP 端点级别的授权机制一样，人们可以用它来确定某个请求是否具有调用方法的权限。这里可以分成两种情况：如果是在方法调用之前进行授权管理，则称为预授权（PreAuthorization）；如果是在方法执行完之后确定是否可以访问方法返回的结果，则称为后授权（PostAuthorization）。

而方法调用过滤本质上类似于过滤器机制，也分为预过滤（PreFilter）和后过滤（PostFilter）两大类。其中，预过滤用来确定方法从输入参数中可以接收到的内容，而后过滤则用来确定调用者在方法执行后可以从返回结果中接收到的内容。

注意，默认情况下 Spring Security 并没有启用全局方法安全机制。因此，想要启用该功能，需要使用@EnableGlobalMethodSecurity 注解。正如本书前面案例所展示的，其一般实现方法是创建一个独立的配置类，并把该注解添加在这个配置类上，如下所示。

```
@Configuration
@EnableGlobalMethodSecurity(prePostEnabled = true)
public class SecurityConfig {
}
```

注意，在使用@EnableGlobalMethodSecurity 注解时，设置"prePostEnabled"为 true，表示启用预/后授权机制，而默认情况下这些机制是不启用的。

8.2 使用注解实现方法级别授权

针对方法级别授权，Spring Security 提供了@PreAuthorize 和@PostAuthorize 两个注解，分别用于预授权和后授权。

同样，Spring Security 为实现方法级别授权也提供了三套实现方法，除了@PreAuthorize 和@PostAuthorize 注解，还可以使用基于 JSR 250 规范的@RolesAllowed 和@Secured 注解。本书只讨论常用的@PreAuthorize 和@PostAuthorize 注解。

8.2.1 @PreAuthorize 注解

下面先分析@PreAuthorize 注解的应用场景。假设一个 Spring Boot Web 应用程序存在一个 Web 层组件 OrderController，该 Controller 会调用 Service 层组件 OrderService。对访问 OrderService 的请求添加权限控制能力，即只有具备"DELETE"权限的请求才能执行 OrderService 中的 deleteOrder()方法，而针对没有该权限的请求则直接抛出异常，执行效果如图 8-2 所示。

图 8-2　Service 层组件预授权

　　显然，上述流程针对的是预授权应用场景，因此可以使用@PreAuthorize 注解进行实现，该注解定义如下。

```
@Target({ ElementType.METHOD, ElementType.TYPE })
@Retention(RetentionPolicy.RUNTIME)
@Inherited
@Documented
public @interface PreAuthorize {

    //通过 SpEL 表达式设置访问控制
    String value();
}
```

　　可以看到@PreAuthorize 注解与 3.2 节中介绍的 access()方法的使用方式一样，都是通过传入一个 SpEL 表达式来设置访问控制规则。

　　要想在应用程序中集成@PreAuthorize 注解，可以创建如下所示的安全配置类，并在该配置类上添加@EnableGlobalMethodSecurity 注解。

```
@Configuration
@EnableGlobalMethodSecurity(prePostEnabled = true)
public class SecurityConfig {

    @Bean
    public UserDetailsService userDetailsService() {
        UserDetailsService service = new InMemoryUserDetailsManager();

        UserDetails u1 = User.withUsername("jianxiang1")
                .password("12345")
                .authorities("WRITE")
                .build();

        UserDetails u2 = User.withUsername("jianxiang2")
                .password("12345")
                .authorities("DELETE")
                .build();

        service.createUser(u1);
        service.createUser(u2);
```

```
        return service;
    }

    @Bean
    public PasswordEncoder passwordEncoder() {
        return NoOpPasswordEncoder.getInstance();
    }
}
```

上述代码创建了两个用户 "jianxiang1" 和 "jianxiang2"，分别具备 "WRITE" 和 "DELETE" 权限。实现 OrderService 的 deleteOrder()方法的如下所示。

```
@Service
public class OrderService {

    @PreAuthorize("hasAuthority('DELETE')")
    public void deleteOrder(String orderId) {
        …
    }
}
```

可以看到，这里使用@PreAuthorize 注解来实现预授权。该注解使用 hasAuthority('DELETE')方法来判断请求是否具有 "DELETE" 权限。

上述应用场景比较简单，接下来看一个比较复杂的场景，该场景中将包含用户认证过程。假设 OrderService 存在一个 getOrderByUser(String user)方法，出于系统安全性的考虑，希望用户只能获取自己所创建的订单信息，也就是说需要校验该方法所传入的 "user" 参数是否就是当前所认证的合法用户。@PreAuthorize 注解的使用方法如下所示。

```
@PreAuthorize("#name == authentication.principal.username")
public List<Order> getOrderByUser(String user) {
    …
}
```

上述代码通过 SpEL 表达式将输入的 "user" 参数与从安全上下文中获取的 "authentication. principal.username" 进行比对，如果相同则执行正确的方法逻辑，反之则直接抛出异常。

8.2.2　@PostAuthorize 注解

相较于@PreAuthorize 注解，@PostAuthorize 注解的应用场景较少。有时候人们允许调用者能够正确调用方法，但却希望该调用者不接受所返回的响应结果。这听起来似乎有点奇怪，但在那些访问第三方外部系统的应用中，人们并不一定相信所返回数据的正确性，对调用的响应结果进行限制是有必要的。@PostAuthorize 注解为人们实现这类需求提供了很好的解决方案，如图 8-3 所示。

图 8-3 Service 层组件后授权

为了演示@PostAuthorize 注解的使用方法，先要设置特定的返回值。假设系统存在如下所示的 User 对象，该对象保存着某个用户的姓名和所购买商品的信息。

```
public class User {
    private String name;
    private List<String> products;
}
```

进一步，假设系统中存在如下所示的两个 User 对象。

```
Map<String, User> users =
    Map.of("UserA", new User("UserA ",List.of("ProductA1", "ProductA2")),
"UserB", new User("UserB", List.of("ProductB1")
    )
);
```

则有如下一个根据姓名获取 User 对象的查询方法。

```
@PostAuthorize("returnObject.books.contains('ProductA2')")
public User getUserByName(String name) {
    return users.get(name);
}
```

可以看到，使用@PostAuthorize 注解就可以根据返回值决定授权的结果。在该示例中，基于"returnObject"这个返回值对象，如果使用"ProductA2"的"UserA"对象调用这个方法就能正常返回数据；如果使用"UserB"对象调用，就会抛出 403 异常。

8.3 使用注解实现方法级别过滤

介绍完授权，接下来我们学习过滤。针对方法级别过滤，Spring Security 同样提供了一对注解，即分别用于预过滤和后过滤的@PreFilter 和@PostFilter。

8.3.1 @PreFilter 注解

在介绍如何使用@PreFilter 注解实现方法级别过滤之前，先来明确它与@PreAuthorize 注解之间的区别。通过预授权，如果方法调用的参数不符合权限规则，那么不会调用这个方法。而如果使用预过滤，一定会执行方法调用，但只有那些符合过滤规则的数据才会正常传递到调用链路的下一个组件。

　　下面通过代码示例学习@PreFilter 注解的使用方法。该示例设计了新的数据模型，并构建了如下所示的 Controller 层方法。

```
@Autowired
private BookService bookService;

@GetMapping("/book")
public List<Book> dealWithBooks() {
    List<Book> books = new ArrayList<>();

    books.add(new Book("book1", "jianxiang1"));
    books.add(new Book("book2", "jianxiang2"));
    books.add(new Book("book3", "jianxiang3"));

     return bookService.dealWithBooks(books);
}
```

　　上述代码中的 Book 对象包含图书的编号和对应的作者。然后，在 Service 层组件中实现如下方法。

```
@PreFilter("filterObject.name == authentication.name")
public List<Books> dealWithBooks(List<Book> books) {
    return books;
}
```

　　上述代码基于@PreFilter 注解实现了对输入数据的过滤，使用 "filterObject" 对象获取输入的 Book 数据，然后将 "filterObject.name" 字段与从安全上下文中获取的 "authentication.name" 进行比对，就能过滤那些不属于当前认证用户的数据。

8.3.2　@PostFilter 注解

　　为了更好地理解@PostFilter 注解的含义，本书会先将该注解与@PostAuthorize 注解进行对比。类似地，通过后授权，如果方法调用的参数不符合权限规则，那么不会调用该方法。而如果使用后过滤，一定会执行方法调用，但只有那些符合过滤规则的数据才会正常返回。

　　@PostFilter 注解的使用方法也很简单，示例如下。

```
@PostFilter("filterObject.name == authentication.principal.username")
public List<Book> findBooks() {
    List<Book> books = new ArrayList<>();

    books.add(new Book("book1", "jianxiang1"));
    books.add(new Book("book2", "jianxiang2"));
    books.add(new Book("book3", "jianxiang3"));
     return books;
}
```

上述代码通过@PostFilter 注解指定过滤的规则为"filterObject.name ＝ authentication.principal.username",也就是说,该方法只会返回那些属于当前认证用户的数据,其他用户的数据会被自动过滤。

通过这些案例,大家应该已经认识到各个注解之间的微妙关系。例如,@PreFilter 注解的效果实际上和@PostAuthorize 注解的效果有点类似,但两者针对数据的处理方向却是相反的,即@PreFilter 注解控制从 Controller 层到 Service 层的数据输入,而@PostAuthorize 控制从 Service 层到 Controller 层的数据返回。在日常开发过程中,我们需要关注业务场景下数据的流转方向,以正确选择合适的授权或过滤注解。

8.4　本章小结

本章关注的重点从 HTTP 端点级别的安全控制转换到普通方法级别的安全控制。Spring Security 内置了一组非常实用的注解,方便开发人员实现全局方法安全机制,包括用于实现方法级别授权的@PreAuthorize 和@PostAuthorize 注解,以及用于实现方法级别过滤的@PreFilter 和@PostFilter 注解。本章针对这些注解的使用方法给出了相应的描述和示例代码。

第 9 章

案例实战：实现多因素认证机制

前面几章系统地介绍了 Spring Security 所提供的一些高级功能，包括过滤器、CSRF 保护、CORS 及全局方法安全机制。这些都是非常实用的功能特性。作为阶段性的总结，本章将利用这些高级功能中的部分功能特性来构建安全领域中的一种典型认证机制——多因素认证（Multi-Factor Authentication，MFA）机制。

9.1 案例设计和初始化

在本章的案例中，我们构建多因素认证的思路并不是采用第三方成熟的解决方案，而是将基于 Spring Security 的功能特性来自定义一个简洁的认证机制。

9.1.1 多因素认证设计

多因素认证是一种实现安全访问控制的常见方法，基本的设计理念在于，用户如果想要访问最终的资源，至少需要通过两种认证机制。多因素认证在安全领域中也有一些成熟的解决方案，如第 10 章将要介绍的 OAuth2 协议就存在一种授权码模式，该授权码模式实际上就是一种典型的多因素认证解决方案。这里我们不对 OAuth2 协议展开介绍，而是分析如何通过自定义的方式实现并整合多种认证机制。

一种常见的做法是分成两个步骤实现，第一步通过用户名和密码获取一个认证码（Authentication Code），第二步基于用户名和该认证码进行安全访问。基于多因素认证的基本执行流程如图 9-1 所示。

图 9-1 基于多因素认证的基本执行流程

9.1.2 系统初始化

为了实现多因素认证，人们需要构建一个独立的认证服务 Auth-Service。该服务提供基于用户名+密码以及用户名+认证码的认证形式。当然，想要实现认证，前提是已构建了用户体系。因此，我们需要先提供如下所示的 User 实体类。

```
@Entity
public class User {

    @Id
    @GeneratedValue(strategy = GenerationType.IDENTITY)
    private Integer id;

    private String username;
    private String password;
}
```

可以看到，User 对象包含 username 和 password 的定义。同样，如下所示的代表认证码的 AuthCode 对象则包含用户名 username 和具体的认证码 code 字段的定义。

```
@Entity
public class AuthCode {

    @Id
    @GeneratedValue(strategy = GenerationType.IDENTITY)
    private Integer id;

    private String username;
    private String code;
}
```

接下来我们基于 User 和 AuthCode 实体对象给出创建数据库表的对应 SQL 定义，如下所示。

```
CREATE TABLE IF NOT EXISTS 'spring_security_demo'.'user' (
'id' INT NOT NULL AUTO_INCREMENT,
    'username' VARCHAR(45) NULL,
```

```
'password' TEXT NULL,
PRIMARY KEY ('id'));

CREATE TABLE IF NOT EXISTS 'spring_security_demo'.'auth_code' (
    'id' INT NOT NULL AUTO_INCREMENT,
    'username' VARCHAR(45) NOT NULL,
    'code' VARCHAR(45) NULL,
    PRIMARY KEY ('id'));
```

有了认证服务之后，接下来我们构建一个提供业务功能的前端服务 Frontend-Service，该前端服务通过集成认证服务，完成具体的认证操作，并返回访问令牌到客户端系统。因此，从依赖关系上说，Frontend-Service 会调用 Auth-Service，如图 9-2 所示。

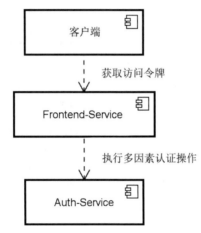

图 9-2 Frontend-Service 调用 Auth-Service

接下来我们将分别从这两个服务入手，来实现多因素认证机制。

9.2 实现多因素认证机制

对多因素认证机制而言，实现认证服务是基础，但难度并不大，下面具体介绍。

9.2.1 实现认证服务

所谓认证服务，从表现形式上说它也是一个 Web 服务，所以内部需要通过构建 Controller 层组件来实现 HTTP 端点的暴露。为此，本节构建了如下所示的 AuthController。

```
@RestController
public class AuthController {

    @Autowired
```

```
    private UserService userService;

    //添加 User
    @PostMapping("/user/add")
    public void addUser(@RequestBody User user) {
        userService.addUser(user);
    }

    //通过用户名+密码对用户进行首次认证
    @PostMapping("/user/auth")
    public void userAuth(@RequestBody User user) {
        userService.userAuth(user);
    }

    //通过用户名+认证码进行二次认证
    @PostMapping("/code/auth")
    public void codeAuth(@RequestBody AuthCode authCode, HttpServletResponse response){
        if (userService.codeAuth(authCode)) {
            response.setStatus(HttpServletResponse.SC_OK);
        } else {
            response.setStatus(HttpServletResponse.SC_FORBIDDEN);
        }
    }
}
```

可以看到，这里除了实现一个添加用户信息的 HTTP 端点，还分别实现了通过用户名+密码对用户进行首次认证的 "/user/auth" 端点，以及通过用户名+认证码进行二次认证的 "/code/auth" 端点。

这两个核心端点背后的实现逻辑都位于 UserService 中。其中，userAuth()方法如下所示。

```
public void userAuth(User user) {
        Optional<User> userInDB =
                userRepository.findUserByUsername(user.getUsername());

        if(userInDB.isPresent()) {
            User u = userInDB.get();
            if (passwordEncoder.matches(user.getPassword(), u.getPassword())) {
                //生成或刷新认证码
                generateOrRenewAuthCode(u);
            } else {
                throw new BadCredentialsException("Bad credentials.");
            }
        } else {
            throw new BadCredentialsException("Bad credentials.");
        }
}
```

上述代码中的关键是完成用户密码匹配之后的生成或刷新认证码流程，负责实现该流程的 generateOrRenewAuthCode()方法如下所示。

```
private void generateOrRenewAuthCode(User user) {
        String generatedCode = Util.generateCode();
```

```
        Optional<AuthCode> authCode = authCodeRepository.findAuthCodeByUsername(user.
getUsername());
        if (authCode.isPresent()) {//如果存在认证码，则刷新该认证码
            AuthCode code = authCode.get();
            code.setCode(generatedCode);
        } else {//如果没有找到认证码，则生成并保存一个新的认证码
            AuthCode code = new AuthCode();
            code.setUsername(user.getUsername());
            code.setCode(generatedCode);
            autoCodeRepository.save(code);
        }
    }
```

上述方法的流程也很明确，首先通过调用工具类的 generateCode()方法生成一个认证码，然后根据当前数据库中的状态来决定是否对已有的认证码进行刷新，或者直接生成一个新的认证码并保存。因此，每次调用 UserService 的 userAuth()方法时都相当于对用户的认证码进行动态重置。

一旦用户获取认证码，并通过该认证码访问系统，那么认证服务可以对该认证码进行校验，从而确定其是否有效。对认证码进行验证的 codeAuth()方法如下所示。

```
public boolean codeAuth(AuthCode authCodeToValidate) {
        Optional<AuthCode> authCode = autoCodeRepository.findAuthCodeByUsername(auth-
CodeToValidate.getUsername());
        if (authCode.isPresent()) {
            AuthCode authCodeInStore = authCode.get();
            if (authCodeToValidate.getCode().equals(authCodeInStore.getCode())) {
                return true;
            }
        }

        return false;
    }
```

这里的逻辑也很简单，就是把从数据库中获取的认证码与用户传入的认证码进行比对而已。至此，认证服务的核心功能构建完成。接下来我们将介绍前端服务的实现过程。

9.2.2 实现前端服务

在前端服务中，系统需要调用认证服务所提供的 HTTP 端点来完成用户认证和认证码认证这两个核心的认证操作。因此，我们需要构建一个认证服务的客户端组件来完成远程调用。在下面的案例中，我们参考设计模式中的门面（Facade）模式的设计理念，将这个组件命名为 AuthenticationServerFacade，也就是说，它是认证服务器的一种门面组件，具体定义如下。

```
@Component
public class AuthenticationServerFacade {

    @Autowired
```

```java
    private RestTemplate rest;

    @Value("${auth.server.base.url}")
    private String baseUrl;

    //执行用户名+密码认证
    public void checkPassword(String username, String password) {
        String url = baseUrl + "/user/userAuth";

        User body = new User();
        body.setUsername(username);
        body.setPassword(password);

        HttpEntity<User> request = new HttpEntity<User>(body);

        rest.postForEntity(url, request, Void.class);
    }

    //执行用户名+认证码认证
    public boolean checkAuthCode(String username, String code) {
        String url = baseUrl + "/code/codeAuth";

        User body = new User();
        body.setUsername(username);
        body.setCode(code);

        HttpEntity<User> request = new HttpEntity<User>(body);

        ResponseEntity<Void> response = rest.postForEntity(url, request, Void.class);

        return response.getStatusCode().equals(HttpStatus.OK);
    }
}
```

上述代码中的 baseUrl 就是认证服务所暴露的服务地址，并使用 RestTemplate 模板工具类来发起对认证服务的远程调用，根据返回值判断认证是否通过。

有了 AuthenticationServerFacade，就可以在前端服务中集成认证服务。那么，人们是在什么场景下完成该集成工作的呢？答案是在每次请求的处理过程中，这时就需要用到拦截器。而该集成工作依赖于认证管理器 AuthenticationManager，因此，我们需要先实现自定义认证过滤器 CustomAuthenticationFilter 的代码结构，如下所示。

```java
    @Component
    public class CustomAuthenticationFilter extends OncePerRequestFilter {

        @Autowired
        private AuthenticationManager manager;

        @Override
        protected void doFilterInternal(HttpServletRequest request, HttpServletResponse
    response, FilterChain filterChain) throws ServletException, IOException {
            String username = request.getHeader("username");
            String password = request.getHeader("password");
            String code = request.getHeader("code");
```

```
            //使用 AuthenticationManager 处理认证过程
            …
        }
    }
```

在上述代码中,我们需要重点关注CustomAuthenticationFilter 所扩展的基类OncePerRequestFilter。顾名思义,OncePerRequestFilter 能够确保针对一次请求只执行一次过滤器逻辑,而不会发生多次重复执行的情况。然后,我们分别从 HTTP 请求头中获取用户名 username、密码 password 以及认证码 code 这三个参数,并尝试使用 AuthenticationManager 完成认证。基于对 Spring Security 认证机制的认识,我们知道 AuthenticationManager 的背后实际上是通过 AuthenticationProvider 来执行具体的认证操作。

认证服务提供两种认证操作,一种是基于用户名+密码完成针对用户的认证,另一种是基于用户名+认证码完成针对认证码的认证。因此,我们需要分别针对这两种认证操作实现不同的 AuthenticationProvider。例如,如下所示的 UsernamePasswordAuthenticationProvider 就实现了针对用户名+密码的认证操作。

```java
@Component
public class UsernamePasswordAuthenticationProvider implements AuthenticationProvider {

    @Autowired
    private AuthenticationServerFacade authServerFacade;

    public Authentication authenticate(Authentication authentication) throws Authenti-
cationException {
        String username = authentication.getName();
        String password = String.valueOf(authentication.getCredentials());

        //调用认证服务完成认证
        authServerFacade.checkPassword(username, password);
        return new UsernamePasswordAuthenticationToken(username, password);
    }
    public boolean supports(Class<?> aClass) {
        return UsernamePasswordAuthentication.class.isAssignableFrom(aClass);
    }
}
```

可以看到,这里使用了 AuthenticationServerFacade 门面类完成对认证服务的远程调用。类似地,我们也可以构建针对认证码的 AuthenticationProvider,即如下所示的 AuthCodeAuthentication-Provider。

```java
@Component
public class AuthCodeAuthenticationProvider implements AuthenticationProvider {

    @Autowired
    private AuthenticationServerFacade authServerFacade;
```

```
      public Authentication authenticate(Authentication authentication) throws Authenti-
ationException {
          String username = authentication.getName();
          String code = String.valueOf(authentication.getCredentials());

          //调用认证服务完成认证
          boolean result = authServerFacade.checkAuthCode(username, code);

          if (result) {
              return new AuthCodeAuthentication(username, code);
          } else {
              throw new BadCredentialsException("Bad credentials.");
          }
      }

      public boolean supports(Class<?> aClass) {
          return AuthCodeAuthentication.class.isAssignableFrom(aClass);
      }
  }
```

注意，无论是 UsernamePasswordAuthenticationProvider 还是 AuthCodeAuthenticationProvider，所返回的 UsernamePasswordAuthentication 和 AuthCodeAuthentication 都是自定义的认证信息类，它们都继承了 Spring Security 自带的 UsernamePasswordAuthenticationToken。

接下来我们回到过滤器组件 CustomAuthenticationFilter，并查看它的完整实现，如下所示。

```
@Component
public class CustomAuthenticationFilter extends OncePerRequestFilter {

    @Autowired
    private AuthenticationManager manager;

    @Override
    protected void doFilterInternal(HttpServletRequest request, HttpServletResponse
response, FilterChain filterChain) throws ServletException, IOException {
        String username = request.getHeader("username");
        String password = request.getHeader("password");
        String code = request.getHeader("code");

        //如果认证码为空，说明需要先执行用户名/密码认证
        if (code == null) {
            Authentication a = new UsernamePasswordAuthentication(username, password);
            manager.authenticate(a);
        } else {//如果认证码不为空，则执行认证码认证
            Authentication a = new AuthCodeAuthentication(username, code);
            manager.authenticate(a);

            //如果认证码认证通过，则通过 UUID 生成一个令牌并添加到响应的消息头中
            String token = UUID.randomUUID().toString();
            response.setHeader("Authorization", token);
        }
```

```
        }
    }
```

CustomAuthenticationFilter 的实现过程比较简单，代码也都是自解释的，唯一需要注意的是，在通过基于认证码的认证过程之后，我们会在响应中添加一个"Authorization"消息头，并使用 UUID 值作为令牌返回。

针对上述代码，我们可以通过一张核心类图进行总结，如图 9-3 所示。

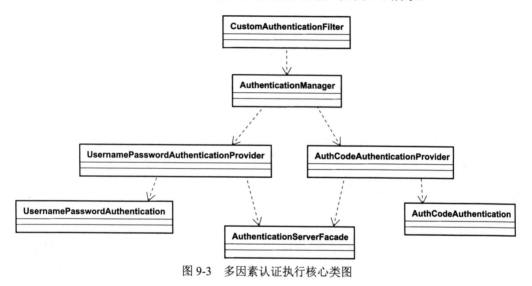

图 9-3　多因素认证执行核心类图

最后，我们需要基于 Spring Security 中的配置体系来确保各个类之间的有效协作。为此，构建如下所示的 SecurityConfig 类。

```
@Configuration
public class SecurityConfig extends WebSecurityConfigurerAdapter {

    @Autowired
    private CustomAuthenticationFilter customAuthenticationFilter;

    @Autowired
    private AuthCodeAuthenticationProvider authCodeAuthenticationProvider;

    @Autowired
    private UsernamePasswordAuthenticationProvider usernamePasswordAuthenticationProvider;
    @Override
    protected void configure(AuthenticationManagerBuilder auth) {
        auth.authenticationProvider(authCodeAuthenticationProvider)
            .authenticationProvider(usernamePasswordAuthenticationProvider);
    }

    @Override
```

```
protected void configure(HttpSecurity http) throws Exception {
    http.csrf().disable();

    http.addFilterAt(
            customAuthenticationFilter,
            BasicAuthenticationFilter.class);

    http.authorizeRequests()
            .anyRequest().authenticated();
}

@Override
@Bean
protected AuthenticationManager authenticationManager() throws Exception {
    return super.authenticationManager();
}
}
```

在上述配置中，通过 addFilterAt()方法可添加自定义过滤器 CustomAuthenticationFilter。关于过滤器使用方式的更多内容可以回顾第 6 章中的相关内容。

现在，分别在本地启动认证服务和前端服务。注意，认证服务的启动端口是 8080，而前端服务的启动端口是 9090。打开模拟 HTTP 请求的 Postman 并输入相关参数，如图 9-4 所示。

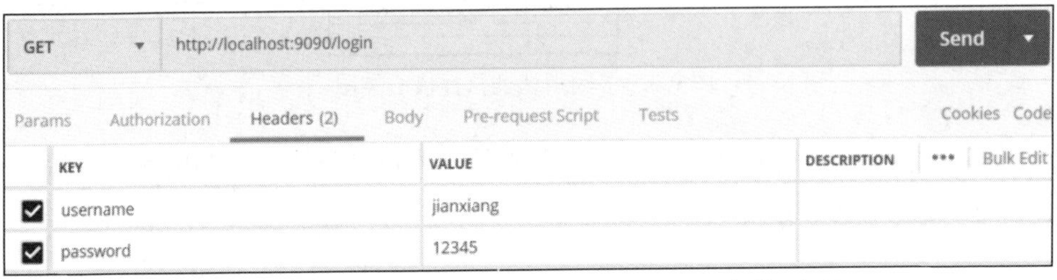

图 9-4 多因素认证的第一步认证——基于用户名+密码

显然，该请求只传入了用户名和密码，所以会基于 UsernamePasswordAuthenticationProvider 执行认证过程，从而为用户"jianxiang"生成认证码。因为认证码是动态生成的，所以每次请求对应的结果都是不一样的。在本次请求尝试中，通过查询数据库，获取的认证码为"9750"。

有了认证码，就相当于完成多因素认证机制的第一步。接下来我们再次基于该认证码构建请求并获取响应结果，如图 9-5 所示。

可以看到，通过传入正确的认证码，我们基于 AuthCodeAuthenticationProvider 完成多因素认证机制中的第二步认证，并最终在 HTTP 响应中生成一个"Authorization"消息头。

图 9-5 多因素认证的第二步认证——基于用户名+认证码

9.3 本章小结

本章基于多因素认证机制展示了如何利用 Spring Security 中的一些高级特性来保护 Web 应用程序的实现方法。多因素认证机制的实现需要构建多个自定义的 AuthenticationProvider，并通过拦截器完成对请求的统一处理。案例中所展示的这些开发技巧在日常开发过程中都非常有用。

第 4 篇

微服务安全

本篇共有 5 章，全面介绍了 Spring Security 框架对微服务架构安全性的技术支持。通过本篇的学习，读者可以掌握如何为目前主流的微服务架构添加安全性保障，并使用 OAuth2 协议和 JWT 实现对服务级别的授权访问。

- 第 10 章全面介绍了 OAuth2 协议的应用场景、角色、令牌以及内置的授权模式，并基于 Spring Security 构建了 OAuth2 授权服务器。
- 第 11 章介绍了 OAuth2 协议与微服务架构进行集成的系统方法，并基于 OAuth2 协议在微服务中嵌入了三种不同粒度的访问授权控制。
- 第 12 章介绍了 JWT 的基本结构和优势，以及与 OAuth2 协议的整合过程，并讨论了基于微服务架构在服务调用链路中有效传播 JWT 的实现方法。
- 第 13 章讲解了单点登录的架构和工作流程，并基于 OAuth2 协议分别实现了单点登录服务器端和客户端组件。
- 第 14 章讲述如何构建微服务安全架构。设计并实现了一个完整的微服务系统，包括集成注册中心、配置中心和服务网关等基础设施类组件，并在安全授权控制中集成和扩展了 JWT。

第 10 章

OAuth2 协议

从本章开始，针对安全性的讨论将从单体服务上升到微服务架构。对微服务架构而言，安全性设计的核心还是认证和授权。但是因为微服务系统中服务之间可以存在相互的调用关系，针对每一个服务，一方面需要考虑来自客户端的请求，另一方面需要考虑来自另一个服务的请求，安全访问控制面临着从客户端到服务、从服务到服务的多种授权场景。

基于上述安全性开发需求，需要引入专门用于分布式环境的授权体系，而 OAuth2 协议是应对这种应用场景的有效解决方案。本章将详细讨论 OAuth2 协议的基本概念，以及基于 Spring Security 的 OAuth2 授权服务器的构建方式。

10.1 OAuth2 协议详解

OAuth 是 Open Authorization 的缩写，该协议解决的是授权问题而不是认证问题，目前普遍被采用的是 OAuth2。OAuth2 是一个相对复杂的协议，对涉及的角色和授权模式给出了明确的定义。在介绍这些定义之前，我们先来了解 OAuth2 协议的应用场景。

10.1.1 OAuth2 协议的应用场景

常见的电商系统通常都会存在类似工单处理的系统，而工单的生成过程一方面需要用到用户的基本信息，另一方面又依赖于用户的订单记录等数据。从降低开发成本的角度考虑，假设整个商品订单模块并不是自己研发的，而是集成了外部的订单管理平台。这样的话，为了生成工单记录，就必须让工单系统读取用户在订单管理平台上的订单记录。

该场景中，难点在于只有得到用户的授权，才能同意工单系统读取用户在订单管理平台上的订单记录。那么问题来了，工单系统怎样才能获得用户的授权呢？首先想到的方法就是用户将自己在订单管理平台上的用户名和密码告诉工单系统，然后工单系统通过用户名和密码登录到订单管理平台并读取用户的订单记录，整个交互过程如图 10-1 所示。

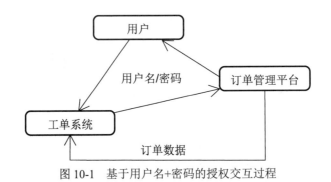

图 10-1　基于用户名+密码的授权交互过程

图 10-1 中的方案虽然可行，但存在几个严重的缺点，具体如下。

- 工单系统为了开展后续的服务，会保存用户在订单管理平台上的密码，这样很不安全。如果用户密码不小心被泄露了，就会导致订单管理平台上的用户数据发生泄露。

- 工单系统拥有了获取用户存储在订单管理平台上所有资料的权限，用户无法限制工单系统获得授权的范围和有效期。

- 如果用户修改了订单管理平台的密码，那么工单系统无法正常访问订单管理平台，这会导致业务中断，但我们又无法限制用户修改密码。

既然该方案存在这么多问题，那么有没有更好的办法呢？答案是肯定的，OAuth2 协议的诞生就是为了解决这些问题。

- 首先，针对密码的安全性，在 OAuth2 协议中，密码还是由用户自己保管，避免了敏感信息的泄露。

- 其次，OAuth2 协议中所提供的授权具有明确的应用范围和有效期，用户可以根据需要限制工单系统获取授权信息的作用效果。

- 最后，用户如果对自己的密码等身份凭证信息进行了修改，那么只要通过 OAuth2 协议重新进行一次授权即可，不会影响到相关联的其他第三方应用程序。

综上所述，对传统认证授权机制与 OAuth2 协议进行对比，得到图 10-2 所示的对比图。

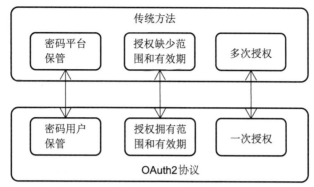

图 10-2 传统认证授权机制与 OAuth2 协议的对比

10.1.2 OAuth2 协议的角色

OAuth2 协议之所以能够具备这些优势，一个主要的原因在于它很好地划分了整个系统所涉及的各个角色及其职责。OAuth2 协议中定义了 4 个核心角色，即资源拥有者（Resource Owner）、客户端（Client）、授权服务器（Authorization Server）和资源服务器（Resource Server），如图 10-3 所示。

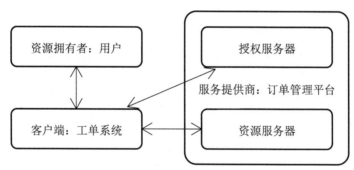

图 10-3 OAuth2 协议中的 4 个核心角色

OAuth2 中的角色与现实的应用场景对应情况如下。

- OAuth2 协议把需要访问的接口或服务统称为资源，每个资源都有一个拥有者，也就是案例中的用户。
- 案例中的工单系统代表的是第三方应用程序，通常被称为客户端。
- 与客户端相对应，OAuth2 协议中还存在一个服务提供商，案例中的订单管理平台扮演了该角色。服务提供商拥有一个资源服务器和一个授权服务器，其中，资源服务器存放着用户资源，案例中的订单记录就是一种用户资源；而授权服务器的作用是完成针对用户的授权流程，并最终颁发一个令牌。

这里引出了 OAuth2 协议中的令牌概念。尽管大家对令牌这个词并不陌生，但 OAuth2 协议中的令牌究竟长什么样呢？接下来将详细介绍这个概念。

10.1.3 OAuth2 协议的令牌

令牌是 OAuth2 协议中非常重要的一个概念。它本质上也是一种代表用户身份的授权凭证，但与普通的用户名和密码信息不同，令牌具有针对资源的访问权限范围和有效期。如下所示的就是一种常见的令牌信息。

```
{
    "access_token": "0efa61be-32ab-4351-9dga-8ab668ababae",
    "token_type": "bearer",
    "refresh_token": "738c42f6-79a6-457d-8d5a-f9eab0c7cc5e",
    "expires_in": 43199,
    "scope": "webclient"
}
```

上述令牌信息中的各个字段都很重要，下面一一展开介绍。

- access_token：代表 OAuth2 的令牌，当访问每个受保护的资源时，用户都需要携带该令牌以便进行验证。
- token_type：代表令牌类型，OAuth2 协议中有多种可选的令牌类型，包括 bearer 类型、mac 类型等，这里指定的是一种常见的类型——bearer 类型。
- expires_in：用于指定 access_token 的有效时间，一旦超过该有效时间，access_token 将会自动失效。
- refresh_token：用于当 access_token 过期之后重新下发一个新的 access_token。
- scope：指定可访问的权限范围，这里指定的是访问 Web 资源的"webclient"。

介绍完令牌之后，读者可能会好奇这样一个令牌究竟有什么用。接下来，我们将介绍如何使用令牌完成基于 OAuth2 协议的授权工作流程。整个工作流程如图 10-4 所示。

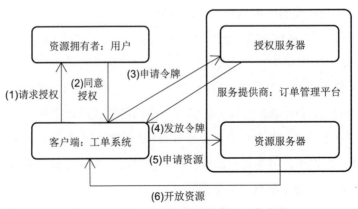

图 10-4 基于 OAuth2 协议的授权工作流程

上述工作流程介绍如下。

首先，客户端向用户请求授权，请求中一般包含资源的访问路径、对资源的操作类型等信息。如果用户同意授权，就会将这个授权返回给客户端。

其次，客户端获取用户的授权信息后，向授权服务器请求访问令牌。

再次，授权服务器向客户端发放访问令牌，这样客户端就能携带访问令牌访问资源服务器上的资源。

最后，资源服务器获取访问令牌之后，验证令牌的有效性和过期时间，并向客户端开放其所需要访问的资源。

10.1.4 OAuth2 协议的授权模式

在图 10-4 所示的 OAuth2 协议整个工作流程中，最为关键的是第二步，也就是获取用户的有效授权。OAuth2 协议定义了 4 种授权方式，即授权码模式（Authorization Code）、简化模式（Implicit）、密码模式（Password Credential）和客户端模式（Client Credential）。

其中，最具代表性的是授权码模式。当用户同意授权后，授权服务器返回的只是一个授权码，而非最终的访问令牌。在该授权模式下，客户端携带授权码请求访问令牌，这就需要客户端自身具备与授权服务器直接交互的后台服务。授权码模式工作流程如图 10-5 所示。

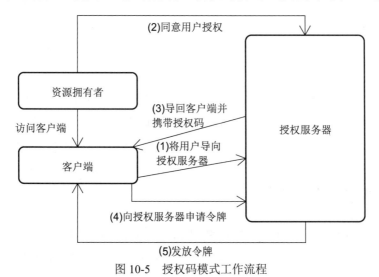

图 10-5 授权码模式工作流程

授权码模式下的执行流程与第 9 章中介绍的多因素认证机制类似。具体工作流程如下。

首先，用户在访问客户端时会被客户端导向授权服务器，这时候，用户可以选择是否向客户端授权。

其次，一旦用户同意授权，授权服务器会调用客户端的后台服务所提供的一个回调地址，并在调用过程中将授权码返回给客户端。

再次，客户端收到授权码后进一步向授权服务器请求访问令牌。

最后，授权服务器核对授权码并向客户端发送访问令牌。

需要注意的是，通过授权码向授权服务器请求访问令牌的过程是系统自动完成的，不需要用户参与，用户只须在流程启动阶段同意授权即可。

接下来我们了解密码模式。密码模式的授权工作流程如图 10-6 所示。

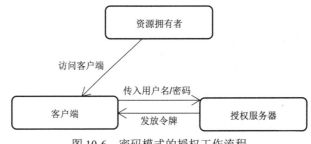

图 10-6 密码模式的授权工作流程

可以看到，密码模式比较简单，也更加容易理解。用户要做的事情就是提供自身的用户名和密码，然后客户端基于这些用户信息向授权服务器请求访问令牌。授权服务器成功执行用户认证操作之后会发放访问令牌。

OAuth2 协议中的客户端模式和简化模式因为在日常开发过程中应用得不是很多，这里不做详细介绍。

注意，虽然 OAuth2 协议解决的是授权问题，但也应用了认证的概念，因为只有验证了用户的身份凭证，才能完成授权。所以说，OAuth2 协议实际上是一个技术体系比较复杂的协议，它综合应用了信息摘要、签名认证等安全性手段，并提供令牌及背后的公私钥管理等功能。

10.2 OAuth2 授权服务器

在使用 OAuth2 协议时，首先要做的就是构建 OAuth2 授权服务器。本节将基于 Spring Security 框架，给出如何构建这一授权服务器的实现过程，并基于常用的密码模式生成对应的令牌，从而为第 11 章将要介绍的服务访问控制提供基础。

10.2.1 构建 OAuth2 授权服务器

从表现形式上看，由于 OAuth2 授权服务器也是一个独立的服务，因此构建授权服务器的方法也是创建一个 Spring Boot 应用程序，并需要引入对应的 Maven 依赖，如下所示。

```
<dependency>
    <groupId>org.springframework.security.oauth</groupId>
    <artifactId>spring-security-oauth2</artifactId>
</dependency>
```

这里的 spring-security-oauth2 就是 Spring Security 中的 OAuth2 开发库。现在 Maven 依赖已经添加完毕，下一步是构建 Bootstrap 类以作为访问的入口。

```
@SpringBootApplication
@EnableAuthorizationServer
public class AuthorizationServer {

    public static void main(String[] args) {
        SpringApplication.run(AuthorizationServer.class, args);
    }
}
```

注意，这里出现了一个新的注解@EnableAuthorizationServer。顾名思义，@EnableAuthorization-Server 注解的作用就是提供一个基于 OAuth2 协议的授权服务，该授权服务会暴露一系列基于 RESTful 风格的端点（如"/oauth/authorize"和"/oauth/token"）供 OAuth2 授权流程使用。

构建 OAuth2 授权服务器只是集成 OAuth2 协议的第一步。授权服务器是一种集中式系统，管理着所有与安全性流程相关的客户端和用户信息。因此，接下来需要在授权服务器中对这些基础信息进行初始化，而 Spring Security 提供了各种配置类来实现这一目标。

10.2.2　设置客户端和用户认证信息

10.1 节介绍了 OAuth2 协议存在 4 种授权模式，其中密码模式以其简单性而得到广泛应用。接下来的内容将以密码模式为例进行展开。在密码模式下，用户向客户端提供用户名和密码，并将用户名和密码发给授权服务器从而请求访问令牌。授权服务器会对密码凭证信息进行认证，确认无误后，向客户端发放访问令牌。密码模式的工作流程如图 10-7 所示。

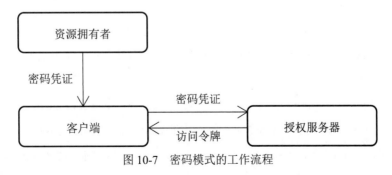

图 10-7　密码模式的工作流程

注意，授权服务器在这里会执行认证操作，目的是验证所传入的用户名和密码是否正确。

在密码模式下，这一步是必须有的，而如果采用其他授权模式，则不一定会有用户认证这一环节。

确定采用密码模式之后，为了实现该授权模式，我们需要对授权服务器做哪些开发工作呢？开发重点是设置一些基础数据，包括客户端信息和用户认证信息。

1. 设置客户端信息

首先来看如何设置客户端信息。设置客户端时，用到的配置类是 ClientDetailsServiceConfigurer。显然，该配置类用来配置客户端详情服务 ClientDetailsService。与 UserDetails 和 UserDetailsService 的关系一样，ClientDetailsService 用来管理 ClientDetails。而用于描述客户端详情的 ClientDetails 接口则包含与安全性控制相关的多个重要方法，该接口中的部分方法定义如下。

```
public interface ClientDetails extends Serializable {

    //客户端唯一 Id
    String getClientId();

    //客户端安全码
    String getClientSecret();

    //客户端的访问范围
    Set<String> getScope();

    //客户端可以使用的授权模式
    Set<String> getAuthorizedGrantTypes();
     …
}
```

上述代码中的几个属性都与日常开发工作息息相关。其中，clientId 是一个必备属性，用来唯一标识客户的 Id，而 clientSecret 则代表客户端安全码。这里的 scope 用来限制客户端的访问范围，该属性如果为空，表示客户端拥有所有访问权限。通常将它设置为 webclient 或 mobileclient，表示可以访问 Web 端或移动端。

authorizedGrantTypes 表示客户端可以使用的授权模式，可选的范围包括代表授权码模式的 authorization_code、代表隐式授权模式的 implicit、代表密码模式的 password 及代表客户端凭据模式的 client_credentials。该属性在设置上一般会加上 refresh_token，用来通过刷新操作获取以上授权模式下产生的新令牌。

与实现认证过程类似，Spring Security 也提供 AuthorizationServerConfigurerAdapter 配置适配器类来简化配置过程。我们可以通过继承该类并覆写其中的 configure(ClientDetailsServiceConfigurerclients) 方法进行配置。使用 AuthorizationServerConfigurerAdapter 进行客户端信息配置的基本代码结构如下所示。

```
@Configuration
public class SpringAuthorizationServerConfigurer extends AuthorizationServerConfigurer-
Adapter {

    @Override
    public void configure(ClientDetailsServiceConfigurer clients) throws Exception {
        clients.inMemory().withClient("spring").secret("{noop}spring_secret")
                .authorizedGrantTypes("refresh_token", "password", "client_credentials")
                .scopes("webclient", "mobileclient");
    }
}
```

上述代码创建了一个 SpringAuthorizationServerConfigurer 配置类来继承 AuthorizationServer-ConfigurerAdapter，并通过 ClientDetailsServiceConfigurer 配置类设置授权模式为密码模式。授权服务器存储客户端信息的方式有两种，一种是如上述代码所示的基于内存级别的存储，另一种则是通过 JDBC 在关系型数据库中存储详情信息。为了简单起见，这里使用了内存级别的存储方式。

注意，在设置客户端安全码时使用了“{noop}spring_secret”格式，这是因为在 Spring Security 中统一使用 PasswordEncoder 对密码进行编码，在设置密码时要求格式为“{id}password”。而这里的前缀“{noop}”代表具体 PasswordEncoder 的 id，表示使用的是 NoOpPasswordEncoder。关于 PasswordEncoder，可以回顾第 4 章中的内容。

前面提到过，@EnableAuthorizationServer 注解会暴露一系列的端点，而授权过程是使用 AuthorizationEndpoint 端点进行控制的。要想对该端点的行为进行配置，可以使用 Authorization-ServerEndpointsConfigurer 配置类。与 ClientDetailsServiceConfigurer 配置类一样，这里也使用对应的 AuthorizationServerConfigurerAdapter 配置适配器类进行配置。

因为指定授权模式为密码模式，而密码模式包含认证环节，所以 AuthorizationServer-EndpointsConfigurer 配置类需要指定一个认证管理器 AuthenticationManager，用于对用户名和密码进行认证。同样，因为指定基于密码的授权模式，所以需要指定一个自定义的 User-DetailsService 替换全局的实现。基于以上分析，我们可以通过如下代码来配置 Authorization-ServerEndpointsConfigurer。

```
@Configuration
public class SpringAuthorizationServerConfigurer extends
AuthorizationServerConfigurerAdapter {

    @Autowired
    private AuthenticationManager authenticationManager;

    @Autowired
    private UserDetailsService userDetailsService;
```

```
    @Override
    public void configure(AuthorizationServerEndpointsConfigurer endpoints) throws
Exception {
    endpoints.authenticationManager(authenticationManager).userDetailsService(userDetails-
Service);
    }
```

至此，客户端设置工作全部完成，我们所做的事情就是实现了一个自定义的 SpringAuthorization-ServerConfigurer 配置类并覆写了对应的配置方法。

2. 设置用户认证信息

设置用户认证信息所依赖的配置类是 WebSecurityConfigurer 类，Spring Security 同样提供了 WebSecurityConfigurerAdapter 配置适配器类来简化该配置类的使用方式，我们可以继承 WebSecurityConfigurerAdapter 类并且覆写其中的 configure()方法完成配置工作。

针对 WebSecurityConfigurer 配置类，我们首先要明确配置的内容。实际上，设置用户信息非常简单，只需要指定用户名（User）、密码（Password）和角色（Role）这三项数据即可，如下所示。

```
@Configuration
public class SpringWebSecurityConfigurer extends WebSecurityConfigurerAdapter {

    @Override
    @Bean
    public AuthenticationManager authenticationManagerBean() throws Exception {
        return super.authenticationManagerBean();
    }

    @Override
    @Bean
    public UserDetailsService userDetailsServiceBean() throws Exception {
        return super.userDetailsServiceBean();
    }

        @Override
        protected void configure(AuthenticationManagerBuilder builder) throws Exception {
        builder.inMemoryAuthentication().withUser("spring_user").password("{noop}
password1").roles("USER").and()
            .withUser("spring_admin").password("{noop}password2").roles("USER", "ADMIN");
    }
}
```

上述代码构建了具有不同角色和密码的两个用户，其中，"spring_user"表示角色是一个普通用户，"spring_admin"表示角色是一个管理员用户。注意，设置密码时同样需要添加前缀"{noop}"。

此外，authenticationManagerBean()和 userDetailsServiceBean()方法分别返回父类的默认实现，

而返回的 UserDetailsService 和 AuthenticationManager 在前面设置客户端时会用到。关于这里用到的用户认证机制，可以回顾第 2 章中的内容。

10.2.3　生成令牌

OAuth2 授权服务器构建完成后，启动该授权服务器即可获取令牌。我们在构建 OAuth2 服务器时已经提到授权服务器会暴露一批端点供 HTTP 请求访问。而获取令牌的端点是 "http://localhost:8080/oauth/token"，在使用该端点时，需要提供前面配置的客户端信息和用户认证信息。

本书使用 Postman 来模拟 HTTP 请求。客户端信息设置方式如图 10-8 所示。

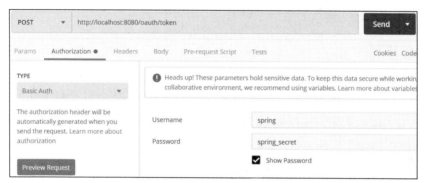

图 10-8　客户端信息设置方式

可以看到，我们在"Authorization"请求头中指定认证类型为"Basic Auth"，并设置客户端名称和客户端安全码分别为"spring"和"spring_secret"。

接下来我们需要指定针对密码模式的专用配置信息。设置用于指定授权模式的 grant_type 属性和用于指定客户端访问范围的 scope 属性分别为"password"和"webclient"。当然，既然设置了密码模式，就需要指定用户名和密码以识别用户身份。下面以"spring_user"用户为例进行介绍。用户信息设置方式如图 10-9 所示。

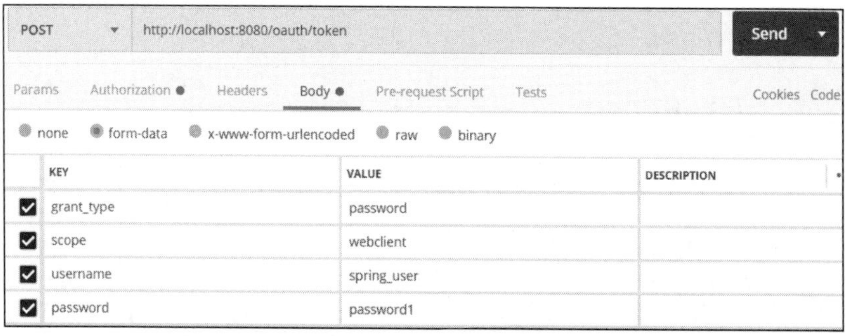

图 10-9　用户信息设置方式

在 Postman 中执行该请求，将会得到如下所示的返回结果。

```
{
    "access_token": "0efa61be-32ab-4351-9dga-8ab668ababae",
    "token_type": "bearer",
    "refresh_token": "738c42f6-79a6-457d-8d5a-f9eab0c7cc5e",
    "expires_in": 43199,
    "scope": "webclient"
}
```

可以看到，除了作为请求参数的 scope，该返回结果中还包含 access_token、token_type、refresh_token 和 expires_in 等属性。这些属性都很重要。此外，因为每次请求生成的令牌都是唯一的，所以读者在尝试时所获取的结果会不同。

10.3 本章小结

从本章开始，我们开始探讨微服务安全性领域。在该领域中，认证和授权仍然是基本的安全性控制手段。为此，本章引入 OAuth2 协议，这是微服务架构体系下主流的授权协议。我们详细了解了 OAuth2 协议所具备的角色和授权模式。

对微服务访问进行安全性控制的首要条件是生成一个访问令牌。本章从构建 OAuth2 服务器开始讲起，基于密码模式给出了设置客户端信息、用户认证信息及最终生成令牌的实现过程。开发人员需要熟悉 OAuth2 协议的相关概念，以及 Spring Security 框架中所提供的各项配置功能。

第 11 章

OAuth2 协议与微服务架构

微服务架构作为主流的分布式服务架构，同样需要考虑各种应用级别的安全性实现手段。但在微服务环境下，安全性的实现方式也面临特定场景下的挑战。因为在微服务架构中，各种服务部署在分布式环境中的多套容器内。各种服务接口不再存在于本地，而是通过远程调用方式接入。这里的挑战涉及以下两方面。

- 如何验证用户并在不同微服务之间完成认证身份信息的传递。
- 如何让各个微服务完成对用户请求的定制化授权。

本章将围绕这两个挑战展开介绍，并基于第 10 章中介绍的 OAuth2 协议完成与微服务架构的集成。

11.1 集成 OAuth2 协议与微服务架构

微服务架构本质上也是一种分布式架构，在当下的应用程序开发过程中得到日益广泛应用，可以说已经成为一种标准的开发方式。本节将全面概述微服务架构所涉及的技术体系，从而为后续介绍微服务架构的案例系统做好铺垫。此外，本节还将给出 OAuth2 协议与微服务架构的具体集成方式。

11.1.1 微服务架构技术体系

技术体系是本章的重点。不同的开发技术和框架都会基于自身的设计理念给出技术体系类型及其实现方式。在本节中，我们基于目前业界主流的微服务实现技术提炼了一组核心的技术体系，如图 11-1 所示。

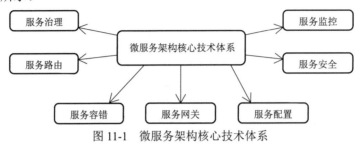

图 11-1　微服务架构核心技术体系

在微服务架构中，服务治理可以说是最关键的一个技术组件，各个微服务通过服务治理实现自动化的注册和发现。

试想一下，如果系统中服务数量不是很多，那么获取这些服务的 IP 地址、端口等信息的方法有很多种，管理起来也很方便。但是，当服务数量达到一定量级时，可能连开发人员自己都不知道系统中到底存在多少个服务，也不知道系统中当前到底哪些服务已经变得不可用。这时候，我们就需要引入独立的媒介来管理服务的实例，这个媒介一般被称为服务注册中心（Registry Center），如图 11-2 所示。

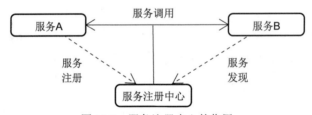

图 11-2　服务注册中心的作用

服务注册中心是保存服务调用所需路由信息的存储仓库，也是服务提供者和服务消费者进行交互的媒介，起着服务注册和发现服务器的作用。诸如 Dubbo、Spring Cloud 等主流的微服务框架都基于 Zookeeper、Eureka 等分布式系统协调工具构建服务注册中心。

在基于注册中心构建的多服务集群化环境中，一方面，当客户端请求到达集群时，如何确定由哪个服务进行请求响应就是服务路由问题。负载均衡是一种常见的路由方案，常见的客户端/服务器端负载均衡技术都可以完成服务路由。Spring Cloud 等主流的微服务框架内置 Ribbon 等客户端负载均衡组件，如图 11-3 所示。

另一方面，负载均衡的出发点更多的是提供服务分发而不是解决路由问题，常见的静态、动态负载均衡算法也无法实现精细化的路由管理。这时可以采用路由规则。路由规则常见的实现方案是白名单或黑名单，即把需要路由的服务地址信息（如服务 IP）放入可以控制是否可见的路由池中进行路由。同样，路由规则也是微服务开发框架的一项常见功能。

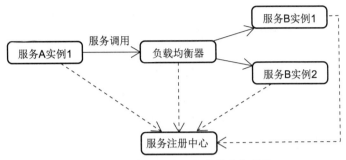

图 11-3 服务注册中心与负载均衡结构

对分布式环境中的服务而言，服务自身会失败的同时还会因为依赖其他服务而导致失败。除了常见的超时、重试和异步解耦等手段，还需要考虑针对各种场景的容错机制，如图 11-4 所示。

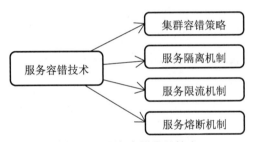

图 11-4 服务容错常见技术

业界存在一批与服务容错相关的技术组件，包括以失效转移 Failover 为代表的集群容错策略，以线程隔离、进程隔离为代表的服务隔离机制，以滑动窗口、令牌桶算法为代表的服务限流机制，以及服务熔断机制。而从技术实现方式上看，在 Spring Cloud 中，这些机制一部分包含在接下来要介绍的服务网关中，另一部分则被提炼成单独的开发框架，如专门用于实现服务熔断的 Spring Cloud Circuit Breaker 组件。

服务网关也称为 API 网关，其中封装了系统内部架构，为每个客户端提供一个定制的 API。在微服务架构中，服务网关的核心是，所有的客户端和消费者端都通过统一的网关接入微服务，在网关层处理常见的非业务功能，如图 11-5 所示。

一方面，在功能设计上，服务网关在完成客户端与服务器端报文格式转换的同时，可能还具有身份验证、监控、缓存、请求管理、静态响应处理等功能。另一方面，也可以在网关层制定灵活的路由策略。针对一些特定的 API，可以设置白名单、路由规则等各类限制。

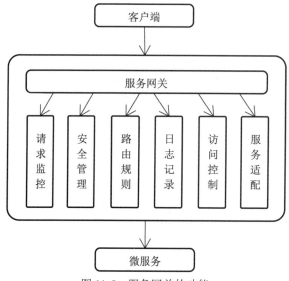

图 11-5 服务网关的功能

在微服务架构中，考虑到服务数量和配置信息的分散性，一般都需要引入配置中心的设计思想和相关工具。与服务注册中心一样，配置中心也是微服务架构中的基础组件，其目的是对服务进行统一管理，区别在于配置中心管理的对象是配置信息而不是服务的实例信息，如图 11-6 所示。

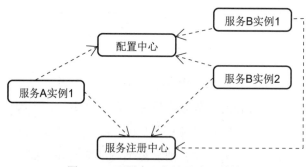

图 11-6 配置中心与注册中心结构

为了满足分布式环境下的配置要求，配置中心通常依赖于分布式协调机制，即通过一定的方法确保配置信息在分布式环境的各个服务中能得到实时、一致管理。通过诸如 Zookeeper 等主流的开源分布式协调框架可以构建配置中心。当然，Spring Cloud 也提供专门的配置中心实现工具 Spring Cloud Config。

最后，在微服务架构中，当服务数量达到一定量级时，难免会遇到这两个问题：如何有效获取服务之间的调用关系和如何跟踪业务流的处理过程及结果。这就需要构建分布式服务跟踪机制，如图 11-7 所示。

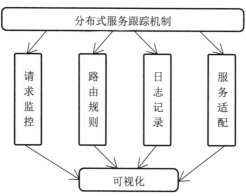

图 11-7 分布式服务跟踪机制的核心功能

分布式服务跟踪机制的建立需要完成对调用链数据的生成、采集、存储及查询，同时也需要对这些调用链数据进行运算和可视化管理。这些工作不是一个工具和框架就能全部完成的。因此，在开发微服务系统时，通常会整合多个开发框架来构建整个链路跟踪机制。例如，Spring Cloud 提供 Spring Cloud Sleuth 与 Zipkin 的集成方案。

11.1.2 OAuth2 协议与微服务架构集成方式

介绍完微服务架构的技术体系后，接下来我们继续 OAuth2 协议的讨论。对应到微服务系统，OAuth2 协议中的服务提供者充当的角色就是资源服务器，而服务消费者就是客户端。所以各个服务本身都可以是客户端，也可以是资源服务器，或者两者兼之。当客户端拿到令牌之后，该令牌就能在各个服务之间传递，如图 11-8 所示。

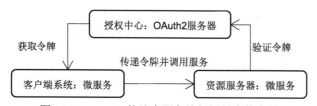

图 11-8 OAuth2 协议在服务访问场景中的应用

在整个 OAuth2 协议中，最关键的就是如何获取客户端授权。对应到微服务架构中，当人们发起 HTTP 请求时，关注的是如何通过 HTTP 透明而高效地传递令牌，此时授权码模式下通过回调地址进行授权管理的方式并不实用，密码模式反而更加简洁高效。因此，在接下来的内容中，我们将使用密码模式作为 OAuth2 协议授权模式的默认实现方式。关于如何基于密码模式构建 OAuth2 授权服务器的过程已经在第 10 章中介绍过，本章将从微服务架构出发，讨论各个服务集成 OAuth2 授权服务器的实现方法。

在微服务架构中，单个微服务的定位就是资源服务器。Spring Security 框架为此提供了专门的@EnableResourceServer 注解。在 Spring Boot 的 Bootstrap 类中添加@EnableResourceServer 注解，就相当于声明该服务中的所有内容都是受保护的资源，如下所示。

```
@SpringBootApplication
@EnableResourceServer
public class DemoApplication {

    public static void main(String[] args) {
        SpringApplication.run(DemoApplication.class, args);
    }
}
```

一旦我们在微服务中添加@EnableResourceServer 注解，该服务就会对所有的 HTTP 请求进行验证以确认 Header 部分是否包含令牌信息。如果没有令牌信息，就会限制访问。如果有令牌信息，就会通过访问第 10 章构建的 OAuth2 服务器进行令牌的验证。那么问题来了，各个微服务是如何与 OAuth2 服务器进行通信并获取所传入令牌的验证结果的呢？

要想回答这个问题，首先要明确将令牌传递给 OAuth2 授权服务器的目的是获取该令牌中包含的用户和授权信息。这样，势必要在各个微服务和 OAuth2 授权服务器之间建立一种交互关系，我们可以在配置文件中添加如下所示的配置项来实现这一目标。

```
security:
  oauth2:
    resource:
    userInfoUri: http://localhost:8080/userinfo
```

这里的"http://localhost:8080/userinfo"指向 OAuth2 授权服务器中的一个自定义端点，如下所示。

```
@RequestMapping(value = "/userinfo", produces = "application/json")
public Map<String, Object> user(OAuth2Authentication user) {
    Map<String, Object> userInfo = new HashMap<>();
    userInfo.put("user", user.getUserAuthentication().getPrincipal());
    userInfo.put("authorities", AuthorityUtils.authorityListToSet(
        user.getUserAuthentication().getAuthorities()));
    return userInfo;
}
```

这个端点的作用是获取用户的详细信息。这里涉及专门用于 OAuth2 协议的认证类 OAuth2Authentication，该类保存着用户的身份（Principal）和权限（Authority）信息。

当使用 Postman 访问"http://localhost:8080/userinfo"端点时，需要传入一个有效的令牌。这里以第 10 章中生成的令牌"0efa61be-32ab-4351-9dga-8ab668ababae"为例，在 HTTP 请求中添加一个"Authorization"请求头。注意，因为使用的是 bearer 类型的令牌，所以需要为 access_token 的具体值加上"bearer"前缀。当然，也可以直接在"Authorization"页中选择协议类型为"OAuth 2.0"，然后输入 Access Token 值，这样相当于添加了请求头信息，如图 11-9 所示。

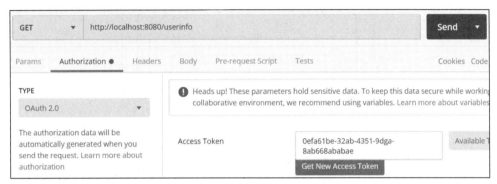

图 11-9　通过令牌发起 HTTP 请求

在后续的 HTTP 请求中，我们都将以该方式发起对微服务的调用。该请求的结果如下所示。

```
{
    "user":{
        "password":null,
        "username":"spring_user",
        "authorities":[
            {
                "autority":"ROLE_USER"
            }
        ],
        "accountNonExpired":true,
        "accountNonLocker":true,
        "credentialsNonExpired":true,
        "enabled":true
    },
    "authorities":[
        "ROLE_USER"
    ]
}
```

已知"0efa61be-32ab-4351-9dga-8ab668ababae"令牌是由"spring_user"用户生成的，可以看到上述返回结果包含用户的用户名、密码及拥有的角色，这些信息与第 10 章初始化的"spring_user"用户信息保持一致。也可以尝试使用"spring_admin"用户重复上述过程。

11.2 在微服务中嵌入访问授权控制

在一个微服务系统中，每个微服务作为独立的资源服务器，对于自身资源的保护粒度并不是固定的，可以根据需求对访问权限进行精细化控制。Spring Security 对访问的不同控制层级进行抽象，形成用户、角色和请求方法三种控制粒度，如图 11-10 所示。

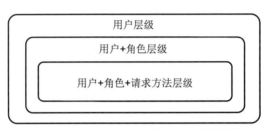

图 11-10 用户、角色和请求方法三种控制粒度

基于图 11-10，我们可以对这三种控制粒度进行排列组合，形成用户、用户+角色以及用户+角色+请求方法三种层级，这三种层级所能访问的资源范围逐一递减。所谓的用户层级是指只要是认证用户就可以访问服务内的各种资源。而用户+角色层级则在用户层级的基础上，还要求用户属于某一个或多个特定角色。用户+角色+请求方法层级的要求最高，它能够对某些 HTTP 方法进行访问限制。接下来将对这三种层级展开讨论。

11.2.1 用户层级的权限访问控制

针对 Spring Security 中的配置体系，通常通过扩展各种 ConfigurerAdapter 配置适配器类实现自定义配置信息的方法。资源服务器也存在一个 ResourceServerConfigurerAdapter 配置适配器类。这里同样采用继承该类并覆写 configure()方法的实现方法，如下所示。

```
@Configuration
public class ResourceServerConfiguration extends ResourceServerConfigurerAdapter {

    @Override
    public void configure(HttpSecurity httpSecurity) throws Exception{
        httpSecurity.authorizeRequests()
            .anyRequest()
            .authenticated();
    }
}
```

注意，该方法的入参是一个 HttpSecurity 对象，而上述配置中的 anyRequest().authenticated()方法指定访问该服务的任何请求都需要认证。因此，当我们使用普通的 HTTP 请求访问该服务中的任何 URL 时，将会得到一个"unauthorized"的 401 错误信息，如下所示。

```
{
    "error": "unauthorized",
    "error_description": "Full authentication is required to access this resource"
}
```

上述问题的解决办法是在 HTTP 请求中设置"Authorization"请求头并传入一个有效的令牌值。

11.2.2　用户+角色层级的权限访问控制

对于某些安全性要求比较高的资源，不可向所有的认证用户开放资源访问入口，这时需要引入角色。例如，针对不同的业务场景，可以判断哪些服务涉及核心业务流程，这些服务的 HTTP 端点不应该开放给普通用户，而应将角色限定为"ADMIN"的管理员。要想达到这种效果，实现方式也比较简单，在 HttpSecurity 中通过 antMatchers()和 hasRole()方法指定想要限制的资源和角色即可。可以创建一个新的 ResourceServerConfiguration 类实例并覆写 ResourceServer-ConfigurerAdapter 中的 configure()方法实现角色控制，如下所示。

```
@Configuration
public class ResourceServerConfiguration extends
    ResourceServerConfigurerAdapter{

    @Override
    public void configure(HttpSecurity httpSecurity) throws Exception {

        httpSecurity.authorizeRequests()
                .antMatchers("/order/**")
                .hasRole("ADMIN")
                .anyRequest()
                .authenticated();
    }
}
```

可以看到，这里使用了 3.2 节中介绍的 Ant 匹配器实现授权管理。现在，如果使用角色为"USER"的令牌访问该服务，就会得到错误信息"access_denied"，如下所示。

```
{
    "error": "access_denied",
    "error_description": "Access is denied"
}
```

使用在 10.2 节中初始化的具有"ADMIN"角色的用户"spring_admin"创建新的令牌，并基于该令牌再次访问该服务就能得到正常的返回结果。

11.2.3　用户+角色+请求方法层级的权限访问控制

我们还可以更进一步针对某个端点的某个具体 HTTP 方法进行控制。例如，如果我们认为对某个微服务中的"user"端点下的资源进行更新的风险很高，那么可以在 HttpSecurity 的

antMatchers()中添加 HttpMethod.PUT 限定，如下所示。

```
@Configuration
public class ResourceServerConfiguration extends ResourceServerConfigurerAdapter {

    @Override
    public void configure(HttpSecurity httpSecurity) throws Exception{
        httpSecurity.authorizeRequests()
            .antMatchers(HttpMethod.PUT, "/user/**")
            .hasRole("ADMIN")
            .anyRequest()
            .authenticated();
    }
}
```

现在，使用普通"USER"角色生成的令牌，并调用"/user/"端点中的 UPDATE 操作，同样会得到"access_denied"错误信息。而使用"ADMIN"角色生成的令牌进行访问，就可以得到正常响应。

11.3 在微服务中传播令牌

一个微服务系统势必涉及多个服务之间的调用，并形成一个服务调用链路。由于对所有的服务访问过程都应进行访问权限的控制，所以需要确保所生成的令牌能够在服务调用链路中有效传播，如图 11-11 所示。

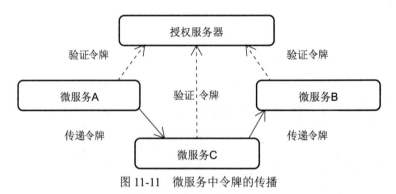

图 11-11 微服务中令牌的传播

那么，如何实现图 11-11 中的令牌传播效果呢？Spring Security 基于 RestTemplate 进行封装，专门提供一个用于在 HTTP 请求中传播令牌的 OAuth2RestTemplate 工具类。想要在业务代码中构建一个 OAuth2RestTemplate 对象，可以使用如下所示的代码。

```
@Bean
public OAuth2RestTemplate oauth2RestTemplate(
    OAuth2ClientContext oauth2ClientContext,
        OAuth2ProtectedResourceDetails details) {
```

```
    return new OAuth2RestTemplate(details, oauth2ClientContext);
}
```

可以看到，通过传入 OAuth2ClientContext 和 OAuth2ProtectedResourceDetails，即可创建一个 OAuth2RestTemplate 工具类。OAuth2RestTemplate 会把从 HTTP 请求头中获取的令牌保存到一个 OAuth2ClientContext 上下文对象中，而 OAuth2ClientContext 会把每个用户的请求信息控制在会话范围内，以确保不同用户的状态分离。

另外，OAuth2RestTemplate 还依赖于 OAuth2ProtectedResourceDetails 类，该类封装了第 10 章介绍的 clientId、clientSecret、scope 等属性。

一旦 OAuth2RestTemplate 创建成功，就可以使用它访问某个远程服务，如下所示。

```
@Component
public class OrderServiceClient {

    @Autowired
    OAuth2RestTemplate restTemplate;
    public Order getOrderById(String orderId){

        ResponseEntity<Order> result =
                restTemplate.exchange(
                        "http://orderservice/order/{orderId}",
                        HttpMethod.GET,
                        null, Order.class, orderId);

        Order order = result.getBody();

        return order;
    }
}
```

显然，基于该远程调用方式，人们唯一要做的就是使用 OAuth2RestTemplate 替换原有的 RestTemplate，所有关于令牌传播的细节已经被完整封装在每次请求中。

11.4 本章小结

本章重点介绍了如何在分布式环境下对服务访问过程进行授权。通过对本章内容的学习，读者应该掌握了如何在微服务中嵌入访问授权控制的三种粒度。同时，在微服务系统中，因为涉及多个服务之间的交互，所以也需要确保令牌在这些服务之间有效传播。借助 Spring Security 所提供的工具类，我们可以很轻松地实现这些需求。

第 12 章

JWT 概述

第 11 章介绍了在微服务架构中如何基于令牌对微服务的访问过程进行权限控制，这里的令牌是类似 "b7c2c7e0-0223-40e2-911d-eff82d125b80" 的一种字符串。显然，这种格式的令牌所包含的内容很有限，那么有没有办法实现更为丰富的令牌呢？答案是肯定的。事实上，OAuth2 协议并没有对令牌的具体组成结构有明确的规定。而在现实应用中，我们也不建议使用第 11 章中所介绍的令牌格式，而是更倾向于采用 JWT。本章将讨论如何基于 JWT 实现定制化令牌。

12.1 JWT

JWT 的全称是 JSON Web Token，它本质上是一种基于 JSON 格式表示的令牌。因为 JWT 的设计目标是为 OAuth2 协议中所使用的令牌提供一种标准结构，所以它经常与 OAuth2 协议集成在一起使用。

12.1.1 JWT 的基本结构

从结构上说，JWT 本身由三段信息构成，第一段为头部（Header），第二段为有效负载（Payload），第三段为签名（Signature），如下所示。

```
header.payload.signature
```

从数据格式上说，以上三部分的内容都是一个 JSON 对象。在 JWT 中，每一段 JSON 对象都通过 Base64 编码，然后用"."符号将编码后的内容连接在一起。所以 JWT 本质上也是一个字符串。以下是一个 JWT 字符串的示例。

```
eyJhbGciOiJIUzI1NiIsInR5cCI6IkpXVCJ9.eyJpc3MiOiJodHRwczovL3NwcmluZy5leGFtcGxlLmNvbSSI
InN1YiI6Im1haWx0bzpzcHJpbmdAZXhhbXBsZS5jb20iLCJuYmYiOjE2MTU4MTg2NDYsImV4cCI6MTYxNTgyMjI0Ni
wiaWF0IjoxNjE1ODE4NjQ2LCJqdGkiOiJpZDEyMzQ1NiIsInR5cCI6Imh0dHBzOi8vc3ByaW5nLmV4YW1wbGUuY29t
L3JlZ2lzdGVyIn0.Nweh3OPKl-p0PrSNDUQZ9LkJVWxjAP76uQscYJFQr9w
```

显然，我们无法从这个经过 Base64 编码的字符串中获取任何有用的信息。业界存在一些在线生成和解析 JWT 的工具。针对上述 JWT 字符串，可以通过这些工具获取其所包含的原始 JSON数据，如下所示。

```
{
   alg: "HS256",
   typ: "JWT"
}.
{
   iss: "https://spring.example.com",
   sub: "mailto:spring@example.com",
   nbf: 1615818646,
   exp: 1615822246,
   iat: 1615818646,
   jti: "id123456",
   typ: "https://spring.example.com/register"
}.
[signature]
```

显然，我们可以清晰地看到一个 JWT 中所包含的 Header 部分和 Payload 部分的数据，出于安全考虑，Signature 部分的数据并没有展示。

12.1.2　JWT 的优势

JWT 具有很多优秀的功能特性。首先，它的数据表示方式采用与语言无关的 JSON 格式，可以与各种异构系统集成。其次，JWT 是一种表示数据的标准，所有人都可以遵循该标准传递数据。

在安全领域，我们通常用 JWT 传递经过认证的用户身份信息，以便从资源服务器获取资源。同时，JWT 在结构上也具有良好的扩展性，开发人员可以根据需要增加一些额外信息用于处理复杂的业务逻辑。因为 JWT 中的数据都是经过加密的，所以除了可以直接用于认证，还可以用于处理加密需求。

12.2　集成 OAuth2 协议与 JWT

JWT 和 OAuth2 协议本质上面向的是不同的应用场景，本身并没有任何关联。但在很多情况下，在讨论 OAuth2 协议的实现时，会将 JWT 用作一种认证机制。

　　Spring Security 为 JWT 的生成和验证提供开箱即用的支持。当然，要发送和消费 JWT，必须以不同的方式配置 OAuth2 授权服务和各个受保护的微服务。整个开发流程与 11.2 节介绍的生成普通令牌一致，不同之处在于配置的内容和方式。接下来我们先来学习如何在 OAuth2 授权服务器中配置 JWT。

　　对于所有需要用到 JWT 的独立服务，都要在 Maven 的 pom 文件中添加对应的依赖包，如下所示。

```
<dependency>
    <groupId>org.springframework.security</groupId>
    <artifactId>spring-security-jwt</artifactId>
</dependency>
```

　　接下来通过一个配置类来完成 JWT 的生成和转换。事实上，OAuth2 协议专门提供一个接口用于管理令牌的存储，即 TokenStore，而该接口的实现类 JwtTokenStore 则专门用来存储 JWT 令牌。相对应地，我们也将创建一个用于配置 JwtTokenStore 的配置类 JWTTokenStoreConfig，如下所示。

```
@Configuration
public class JWTTokenStoreConfig {

    @Bean
    public TokenStore tokenStore() {
        return new JwtTokenStore(jwtAccessTokenConverter());
    }

    @Bean
    public JwtAccessTokenConverter jwtAccessTokenConverter() {
        JwtAccessTokenConverter converter = new JwtAccessTokenConverter();
        converter.setSigningKey("123456");
        return converter;
    }

    @Bean
    public DefaultTokenServices tokenServices() {
        DefaultTokenServices defaultTokenServices = new DefaultTokenServices();
        defaultTokenServices.setTokenStore(tokenStore());
        defaultTokenServices.setSupportRefreshToken(true);
        return defaultTokenServices;
    }
}
```

　　可以看到，这里构建了一个 JwtTokenStore 对象，而在它的构造函数中传入了一个 JwtAccess-TokenConverter。JwtAccessTokenConverter 是一个用来转换 JWT 的转换器，而转换的过程需要使用签名键。上述代码也创建了一个 JwtAccessTokenConverter 对象并赋值给 JwtTokenStore。

　　在创建 JwtTokenStore 之后，可以使用 tokenServices()方法返回已经设置 JwtTokenStore 对象的 DefaultTokenServices。

上述 JWTTokenStoreConfig 的作用是创建一系列对象供 Spring 容器使用，那么什么时候会用到这些对象呢？答案是在将 JWT 集成到 OAuth2 授权服务的过程中。接下来我们先回顾一下 12.2 节中使用普通令牌时介绍的 configure()方法，如下所示。

```java
@Override
public void configure(AuthorizationServerEndpointsConfigurer endpoints) throws Exception {

    endpoints.authenticationManager(authenticationManager)
            .userDetailsService(userDetailsService);
}
```

同样，通过构建一个配置类来覆写 AuthorizationServerConfigurerAdapter 中的 configure()方法。但在集成 JWT 之后，该方法的实现过程需要调整为如下形式。

```java
@Override
public void configure(AuthorizationServerEndpointsConfigurer endpoints) throws Exception {
    TokenEnhancerChain tokenEnhancerChain = new TokenEnhancerChain();

tokenEnhancerChain.setTokenEnhancers(Arrays.asList(jwtAccessTokenConverter));

    endpoints.tokenStore(tokenStore).accessTokenConverter(jwtAccessTokenConverter)
            .tokenEnhancer(tokenEnhancerChain)
            .authenticationManager(authenticationManager)
            .userDetailsService(userDetailsService);
}
```

可以看到，这里构建了一个作用于令牌的增强链 TokenEnhancerChain，可以将其看作第 6 章介绍的过滤器机制的一种具体表现。在创建 TokenEnhancerChain 的过程中，我们用到在 JWTToken-StoreConfig 中创建的 tokenStore、jwtAccessTokenConverter 对象。

至此，在 OAuth2 协议中集成 JWT 的过程介绍完毕，也就是说，现在访问 OAuth2 授权服务器时获取的令牌就是 JWT 令牌。接下来通过 Postman 发起请求并得到相应的令牌，如下所示。

```json
{
    "access_token": "eyJhbGciOiJIUzI1NiIsInR5cCI6IkpXVCJ9.eyJzeXN0ZW0iOiJTcHJpbmcgU3lzdGVtIiwidXNlcl9uYW1lIjoic3ByaW5nX3VzZXIiLCJzY29wZSI6WyJ3ZWJjbGllbnQiXSwiZXhwIjoxNjE3NTYwODU0LCJhdXRob3JpdGllcyI6WyJST0xFX1VTRVIiXSwianRpIjoiY2UyYTgzZmYtMjMzMC00YmQ1LTk4MzUtOWIyYzE0N2Y2MTcyIiwiY2xpZW50X2lkIjoic3ByaW5nIn0.Cd_x3r-Fi9hudA2W80amLEga0utPiOJCgBxxLI4Lsb8",
    "token_type": "bearer",
    "refresh_token": "eyJhbGciOiJIUzI1NiIsInR5cCI6IkpXVCJ9.eyJzeXN0ZW0iOiJTcHJpbmcgU3lzdGVtIiwidXNlcl9uYW1lIjoic3ByaW5nX3VzZXIiLCJzY29wZSI6WyJ3ZWJjbGllbnQiXSwiYXRpIjoiY2UyYTgzZmYtMjMzMC00YmQ1LTk4MzUtOWIyYzE0N2Y2MTcyIiwiZXhwIjoxNjIwMTA5NjU0LCJhdXRob3JpdGllcyI6WyJST0xFX1VTRVIiXSwianRpIjoiMDA0NjIxY2MtMmRmZi00ZDJiLWE0YWEtNTU5MzM5YzkyYmFhIiwiY2xpZW50X2lkIjoic3ByaW5nIn0.xDhGwhNTq7Iun9yLENaCvh8mrVHkabu3J8sPONXENq0",
    "expires_in": 43199,
    "scope": "webclient",
    "system": "Spring System",
    "jti": "ce2a83ff-2330-4bd5-9835-9b2c147f6172"
}
```

显然，这里的 access_token 和 refresh_token 都已经是经过 Base64 编码的字符串。同样可以通过在线工具解析该 JSON 数据的内容。access_token 的原始内容如下所示。

```
{
 alg: "HS256",
 typ: "JWT"
}.
{
 system: "Spring System",
 user_name: "spring_user",
 scope: [
  "webclient"
 ],
 exp: 1617560854,
 authorities: [
  "ROLE_USER"
 ],
 jti: "ce2a83ff-2330-4bd5-9835-9b2c147f6172",
 client_id: "spring"
}.
[signature]
```

可以看到，上述 JSON 数据的内容和 11.2 节中配置的客户端和用户信息完全一致。

12.3 在微服务中使用 JWT

在微服务中使用 JWT 的第一步也是配置工作。我们需要在各个微服务中添加一个 JWTToken-StoreConfig 配置类，该配置类的内容就是创建一个 JwtTokenStore 并构建 tokenServices，具体代码在前面已经介绍过，这里不再展开。

完成配置工作之后，接下来在服务调用链中传播 JWT。第 11 章介绍了 OAuth2RestTemplate 工具类，该类可以传播普通的令牌。可惜的是，它并不能传播 JWT 令牌。从实现原理上，因为 OAuth2RestTemplate 也是在 RestTemplate 的基础上做了一层封装，所以可以尝试通过扩展 RestTemplate 请求处理机制添加对 JWT 的支持。

因为 HTTP 请求通过在 Header 部分添加一个"Authorization"消息头完成对令牌的传递，所以，第一步需要能够从 HTTP 请求中获取这个 JWT 令牌。第二步，我们需要将这个令牌存储在一个线程安全的地方，以便在后续的服务链中使用。第三步，也是最关键的一步，在通过 RestTemplate 发起请求时，能够把该令牌自动嵌入所发起的每个 HTTP 请求中。整个实现过程如图 12-1 所示。

实现这一思路需要用户对 HTTP 请求的过程和原理有一定的理解，在代码实现上也需要有一些技巧，下面将展开介绍。

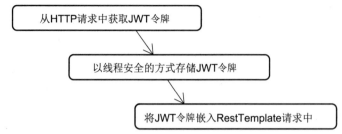

图 12-1　在服务调用链中传播 JWT 令牌的三个步骤

12.3.1　从 HTTP 请求中获取 JWT 令牌

首先,在 HTTP 请求过程中,我们可以通过过滤器 Filter 对所有请求进行过滤。Filter 是 Servlet 中的一个核心组件,其基本原理是构建一个过滤器链,并对经过该过滤器链的请求和响应添加定制化的处理机制。第 6 章已经介绍过 Filter 接口的定义。

通常,我们会实现 Filter 接口中的 doFilter 方法。基于该方法,我们可以将一个 ServletRequest 对象转化为 HttpServletRequest 对象,并从该对象中获取"Authorization"消息头,如下所示。

```java
@Component
public class AuthorizationHeaderFilter implements Filter {

    @Override
    public void doFilter(ServletRequest servletRequest, ServletResponse servletResponse,
FilterChain filterChain) throws IOException, ServletException {

        HttpServletRequest httpServletRequest = (HttpServletRequest) servletRequest;

        AuthorizationHeaderHolder.getAuthorizationHeader().setAuthorizationHeader
(httpServlet-Request.getHeader(AuthorizationHeader.AUTHORIZATION_HEADER));

        filterChain.doFilter(httpServletRequest, servletResponse);
    }
    @Override
    public void init(FilterConfig filterConfig) throws ServletException {}

    @Override
    public void destroy() {}
}
```

注意,这里把从 HTTP 请求中获取的"Authorization"消息头保存到一个 AuthorizationHeaderHolder 对象中。这是一个典型的 Holder 类,接下来将分析它的实现过程。

12.3.2　以线程安全的方式存储 JWT 令牌

从命名规则上看,AuthorizationHeader 对象代表的就是 HTTP 中的"Authorization"消息头。该类用于保存来自 HTTP 请求头的 JWT 令牌,具体定义如下。

```
@Component
public class AuthorizationHeader {
    public static final String AUTHORIZATION_HEADER = "Authorization";

    private String authorizationHeader = new String();

    public String getAuthorizationHeader() {
        return authorizationHeader;
    }

    public void setAuthorizationHeader(String authorizationHeader) {
        this.authorizationHeader = authorizationHeader;
    }
}
```

AuthorizationHeaderHolder 是该 AuthorizationHeader 对象的持有者（Holder）。这种命名方式在 Spring 等主流开源框架中比较常见。一般而言，以 "-Holder" 结尾的多是封装类，用于对原有对象添加线程安全等附加特性。这里的 AuthorizationHeaderHolder 就是这样的一个封装类，实现过程如下所示。

```
public class AuthorizationHeaderHolder {
    private static final ThreadLocal<AuthorizationHeader> authorizationHeaderContext =
new ThreadLocal<AuthorizationHeader>();

    public static final AuthorizationHeader getAuthorizationHeader(){
        AuthorizationHeader header = authorizationHeaderContext.get();

        if (header == null) {
            header = new AuthorizationHeader();
            authorizationHeaderContext.set(header);

        }
        return authorizationHeaderContext.get();
    }

    public static final void setAuthorizationHeader(AuthorizationHeader header) {
        authorizationHeaderContext.set(header);
    }
}
```

可以看到，这里使用 ThreadLocal 构建上下文对象，以确保对 AuthorizationHeader 对象访问的线程安全性。

12.3.3 将 JWT 令牌嵌入 RestTemplate 请求中

现在，对于每个 HTTP 请求，我们都能获取其中的 JWT 令牌并将其保存在上下文对象中。唯一剩下的问题就是如何通过 RestTemplate 将这个 JWT 令牌继续传递到下一个服务中，以便下一个服务也能从 HTTP 请求中获取令牌并继续向后传递，从而确保令牌在整个调用链中持续传播。想实现这一目标，需要对 RestTemplate 进行一些设置，如下所示。

```
    @Bean
    public RestTemplate getCustomRestTemplate() {
        RestTemplate template = new RestTemplate();
        List<ClientHttpRequestInterceptor> interceptors = template.getInterceptors();
        if (interceptors == null) {
            template.setInterceptors(Collections.singletonList(new
AuthorizationHeaderInterceptor()));
        }else {
            interceptors.add(new AuthorizationHeaderInterceptor());
            template.setInterceptors(interceptors);
        }

        return template;
    }
```

RestTemplate 允许开发人员添加自定义的拦截器 Interceptor。拦截器与过滤器的功能本质上相类似，用于对传入的 HTTP 请求进行定制化处理。例如，上述代码中的 AuthorizationHeaderInterceptor 的作用就是在 HTTP 请求的消息头中嵌入保存在 AuthorizationHeaderHolder 中的 JWT 令牌，如下所示。

```
    public class AuthorizationHeaderInterceptor implements
ClientHttpRequestInterceptor {

        @Override
        public ClientHttpResponse intercept(
                HttpRequest request, byte[] body, ClientHttpRequestExecution execution)
                throws IOException {

        HttpHeaders headers = request.getHeaders();
        headers.add(AuthorizationHeader.AUTHORIZATION_HEADER, AuthorizationHeaderHolder.
getAuthorizationHeader().getAuthorizationHeader());

        return execution.execute(request, body);
        }
    }
```

至此，在微服务中使用 JWT 的方法介绍完毕。关于 JWT 还有一些内容本章没有涉及——如何扩展 JWT 中所持有的数据结构，这些内容会在第 14 章的案例系统中结合具体的业务场景进行补充。

12.4　本章小结

本章关注的是认证问题而非授权问题，为此引入了 JWT 机制。JWT 本质上也是一种令牌，只不过它提供了标准化的规范定义，可以与 OAuth2 协议无缝集成。而在使用 JWT 时，我们也可以将各种信息添加到该令牌中并在微服务访问链路中传播。

第 13 章

单点登录

单点登录（Single Sign-On，SSO）是我们设计和实现 Web 系统时经常需要面临的一个问题，允许用户使用一组凭据来登录多个相互独立但又需要保持统一登录状态的 Web 应用程序。单点登录的实现需要特定的技术和框架，而 Spring Security 也提供了自己的解决方案。本章将基于 OAuth2 协议构建单点登录体系，并给出详细的实现过程。

13.1　单点登录架构

与其说单点登录是一种技术体系，不如说它是一种应用场景。因此，我们有必要先来看看单点登录与本书前面介绍的各种技术体系之间的关联关系。

13.1.1　单点登录与 OAuth2 协议

假设存在 A 和 B 两个独立的系统，但它们相互信任，并通过 SSO 机制进行统一管理和维护。那么无论访问系统 A 还是系统 B，当用户在身份认证服务器上登录一次以后，即可获得访问另一个系统的权限。该过程是完全自动化的，SSO 通过实现集中式登录系统达到这一目标，该系统处理用户的身份认证并与其他应用程序共享该认证信息。

说到这里，读者可能会问为什么要实施 SSO？因为它提供了很多优势，具体如下。

- 借助 SSO 可以确保系统更加安全。我们只需要一台集中式服务器管理用户身份，而不需要将用户凭证扩展到各个服务，能够减少被攻击的粒度。

- 持续输入用户名和密码来访问不同的服务很烦琐。SSO 将不同的服务组合在一起，以便用户可以在服务之间无缝导航，从而提高用户体验。

- SSO 能帮助我们更好地了解客户。这是因为我们拥有对客户信息的单一视图，能够更好地构建用户画像。

针对如何构建 SSO，各个公司可能有不同的做法，而采用 Spring Security 和 OAuth2 协议是一个不错的选择，因为其实现过程非常简单。虽然 OAuth2 协议一开始是用来允许用户授权第三方应用访问其资源的一种协议，其目标不是专门用来实现 SSO，但可以利用其功能特性变相实现单点登录。这就需要用到 OAuth 协议的授权码模式。同时，在使用 OAuth2 协议实现 SSO 时，我们也使用 JWT 生成和管理令牌。

13.1.2　单点登录的工作流程

在具体介绍实现方案之前，我们先来了解下典型 SSO 系统背后的设计思想。图 13-1 描述了 SSO 的工作流程。可以看到，这里有两个应用程序——App1 和 App2，以及一个集中式 SSO 服务器。

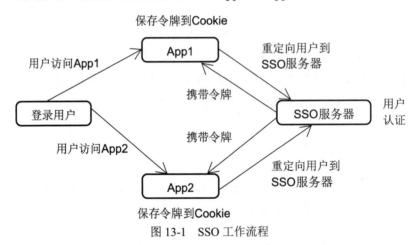

图 13-1　SSO 工作流程

先来了解 App1 的工作流程。

- 用户第一次访问 App1。由于用户未登录，所以系统会将用户重定向到 SSO 服务器。
- 用户在 SSO 服务器提供的登录页面中输入用户凭据。SSO 服务器验证凭据并生成 SSO 令牌，然后 SSO 服务器在 Cookie 中保存该令牌，以供用户进行后续登录。
- SSO 服务器将用户重定向到 App1。在重定向 URL 中会附上产生的 SSO 令牌作为查询参数。
- App1 将令牌保存在其 Cookie 中，并将当前的交互方式更改为已登录用户。

App1 可以通过查询 SSO 服务器或从令牌中获取与用户相关的信息。JWT 可以自定义扩展，因此，我们可以利用 JWT 传递用户信息。

现在，同一用户尝试访问 App2，具体流程如下。

- 由于应用程序只能访问相同来源的 Cookie，它不知道用户已登录到 App2。因此，同样会将用户重定向到 SSO 服务器。
- SSO 服务器发现该用户已经设置 Cookie，因此立即将用户重定向到 App2，并在 URL 中附加 SSO 令牌作为查询参数。
- App2 同样将令牌存储在 Cookie 中，并将其交互方式更改为已登录用户。

整个流程结束之后，用户浏览器中将设置三个 Cookie，每个 Cookie 分别针对 App1、App2 和 SSO 服务器域。

关于上述流程，业界存在多种实现方案和工具，包括 Facebook Connect、Open ID Connect、CAS、Kerbos、SAML 等。这里无意详细介绍这些工具，而是围绕到目前为止已经掌握的技术从零构建 SSO 服务器端和客户端组件。

13.2　实现 SSO 服务器端

基于 Spring Security 实现 SSO 服务器端的核心工作，也是使用配置体系来配置基础的认证授权信息，以及与 OAuth2 协议的整合过程。

13.2.1　配置基础认证和授权信息

我们同样通过继承 WebSecurityConfigurerAdapter 配置适配器类实现自定义的认证和授权信息配置。该过程比较简单，完整代码如下所示。

```java
@Configuration
public class WebSecurityConfiguration extends WebSecurityConfigurerAdapter {

    @Override
    protected void configure(AuthenticationManagerBuilder auth) throws Exception {
        auth.userDetailsService(userDetailsServiceBean()).passwordEncoder(passwordEn-
coder());
    }

    @Override
    public void configure(WebSecurity web) throws Exception {
        web.ignoring().antMatchers("/assets/**", "/css/**", "/images/**");
    }

    @Override
    protected void configure(HttpSecurity http) throws Exception {
        http.formLogin()
                .loginPage("/login")
```

```
                    .and()
                    .authorizeRequests()
                    .antMatchers("/login").permitAll()
                    .anyRequest()
                    .authenticated()
                    .and().csrf().disable().cors();
        }

        @Bean
        @Override
        public UserDetailsService userDetailsServiceBean() {
            Collection<UserDetails> users = buildUsers();

            return new InMemoryUserDetailsManager(users);
        }

        private Collection<UserDetails> buildUsers() {
            String password = passwordEncoder().encode("12345");

            List<UserDetails> users = new ArrayList<>();

            UserDetails user_admin = User.withUsername("admin").password(password).authorities
("ADMIN", "USER").build();

            users.add(user_admin);

            return users;
        }

        @Bean
        public PasswordEncoder passwordEncoder() {
            return new BCryptPasswordEncoder();
        }

        @Bean
        @Override
        public AuthenticationManager authenticationManagerBean() throws Exception {
            return super.authenticationManagerBean();
        }
    }
```

在上述代码中，我们综合使用了 Spring Security 中与认证、授权、密码管理、CSRF、CORS 相关的多项功能特性，通过 loginPage()方法指定 SSO 服务器上的登录界面地址，并初始化一个 "admin" 用户用来执行登录操作。

13.2.2　配置 OAuth2 授权服务器

接下来我们创建一个 AuthorizationServerConfiguration 类继承 AuthorizationServerConfigurer-Adapter。注意，该类需要添加@EnableAuthorizationServer 注解，如下所示。

```
@EnableAuthorizationServer
@Configuration
public class AuthorizationServerConfiguration extends AuthorizationServerConfigurerAdapter {
```

配置 OAuth2 授权服务器的重点是指定需要参与 SSO 的客户端。第 12 章给出了 Spring Security 中描述客户端详情的 ClientDetails 接口，以及用于管理 ClientDetails 的 ClientDetailsService。基于 ClientDetailsService，我们可以对 ClientDetails 的创建过程进行定制，示例代码如下所示。

```java
@Bean
public ClientDetailsService inMemoryClientDetailsService() throws Exception {

    return new InMemoryClientDetailsServiceBuilder()
                //创建 App1 客户端
                .withClient("app1")
                .secret(passwordEncoder.encode("app1_secret"))
                .scopes("all")
                .authorizedGrantTypes("authorization_code", "refresh_token")
                .redirectUris("http://localhost:8080/app1/login")
                .accessTokenValiditySeconds(7200)
                .autoApprove(true)

                .and()

                //创建 App2 客户端
                .withClient("app2")
                .secret(passwordEncoder.encode("app2_secret"))
                .scopes("all")
                .authorizedGrantTypes("authorization_code", "refresh_token")
                .redirectUris("http://localhost:8090/app2/login")
                .accessTokenValiditySeconds(7200)
                .autoApprove(true)

                .and()
                .build();
}
```

上述代码首先通过 InMemoryClientDetailsServiceBuilder 构建了一个基于内存的 ClientDetails-Service，其次通过该 ClientDetailsService 创建了两个 ClientDetails，分别对应 App1 和 App2。注意，这里指定的 authorizedGrantTypes 为代表授权码模式的"authorization_code"。

同时，我们还需要在 AuthorizationServerConfiguration 类中添加对 JWT 的相关设置，如下所示。

```java
@Override
public void configure(AuthorizationServerEndpointsConfigurer endpoints) throws Exception {
    endpoints.accessTokenConverter(jwtAccessTokenConverter())
                .tokenStore(jwtTokenStore());
}

@Bean
public JwtTokenStore jwtTokenStore() {
    return new JwtTokenStore(jwtAccessTokenConverter());
}

@Bean
public JwtAccessTokenConverter jwtAccessTokenConverter() {
    JwtAccessTokenConverter jwtAccessTokenConverter = new JwtAccessTokenConverter();
```

```
        jwtAccessTokenConverter.setSigningKey("123456");
        return jwtAccessTokenConverter;
}
```

这里使用的配置方法在第 12 章中已经介绍过，不再详细展开。

13.3　实现 SSO 客户端

介绍完 SSO 服务器端配置，接下来我们讨论客户端的实现过程。在客户端中，我们同样创建一个继承 WebSecurityConfigurerAdapter 的 WebSecurityConfiguration，用来设置认证和授权机制，如下所示。

```
@EnableOAuth2Sso
@Configuration
public class WebSecurityConfiguration extends WebSecurityConfigurerAdapter {

    @Override
    public void configure(WebSecurity web) throws Exception {
        super.configure(web);
    }

    @Override
    protected void configure(HttpSecurity http) throws Exception {
        http.logout()
                .and()
                .authorizeRequests()
                .anyRequest().authenticated()
                .and()
                .csrf().disable();
    }
}
```

注意，这里的@EnableOAuth2Sso 注解是 Spring Security 中实现单点登录相关自动化配置的入口，定义如下。

```
@Target(ElementType.TYPE)
@Retention(RetentionPolicy.RUNTIME)
@Documented
@EnableOAuth2Client
@EnableConfigurationProperties(OAuth2SsoProperties.class)
@Import({ OAuth2SsoDefaultConfiguration.class, OAuth2SsoCustomConfiguration.class,
        ResourceServerTokenServicesConfiguration.class })
public @interface EnableOAuth2Sso {

}
```

在@EnableOAuth2Sso 注解上，我们找到@EnableOAuth2Client 注解，使用该注解就相当于启用 OAuth2Client 客户端。OAuth2SsoDefaultConfiguration 和 OAuth2SsoCustomConfiguration 用来配置基于 OAuth2 的单点登录行为，而 ResourceServerTokenServicesConfiguration 则配置了基于 JWT 来

处理令牌的相关操作。

接下来我们在 App1 客户端的 application.yml 配置文件中添加如下配置项。

```
server:
  port: 8080
  servlet:
    context-path: /app1
```

这里用到 server.servlet.context-path 配置项，它常用来设置应用的上下文路径，相当于为完整的 URL 地址添加了一个前缀。这样，原本访问"http://localhost:8080/login"的地址就会变成访问"http://localhost:8080/app1/login"地址，这是使用 SSO 时的一个常见技巧。

然后，我们在配置文件中添加如下配置项。

```
security:
  oauth2:
    client:
      client-id: app1
      client-secret: app1_secret
      access-token-uri: http://localhost:8888/oauth/token
      user-authorization-uri: http://localhost:8888/oauth/authorize
    resource:
      jwt:
        key-uri: http://localhost:8888/oauth/token_key
```

这些都是针对 OAuth2 协议的专用配置项，如用于设置客户端信息的"client"配置项。其中，除了客户端 id 和密码，还指定用于获取令牌的"access-token-uri"地址，以及执行授权的"user-authorization-uri"地址，这些都应该指向前面已经创建的 SSO 服务器地址。

另外，一旦在配置文件中添加"security.oauth2.resource.jwt"配置项，就会使用 JwtTokenStore 检验令牌，这样就能跟 SSO 服务器端所创建的 JwtTokenStore 进行对应。

到目前为止，我们已经创建了一个 SSO 客户端应用程序 App1，而创建 App2 的过程与创建 App1 的完全一样，这里不再展开介绍。

最后，演示整个单点登录过程。依次启动 SSO 服务器以及 App1 和 App2，然后在浏览器中访问 App1 的地址"http://localhost:8080/app1/system/profile"，这时候浏览器会重定向到 SSO 服务器登录页面。

注意，如果在访问上述地址时打开浏览器的"网络"标签并查看具体的访问路径，就可以看到网页确实是先跳转到 App1 的登录页面（http://localhost:8080/app1/login），然后重定向到 SSO 服务器。由于用户处于未登录状态，所以最后重定向到 SSO 服务器的登录界面（http://localhost:8888/login）。整个请求的跳转过程如图 13-2 所示。

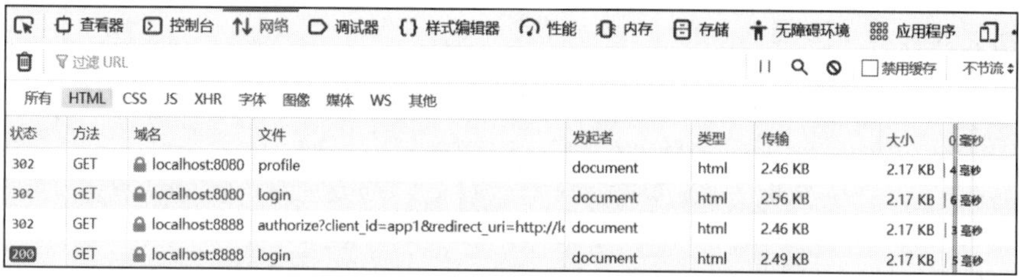

图 13-2　未登录状态访问 App1 时的网络请求跳转流程

在 SSO 服务器的登录界面输入正确的用户名和密码后的网络请求跳转过程如图 13-3 所示。

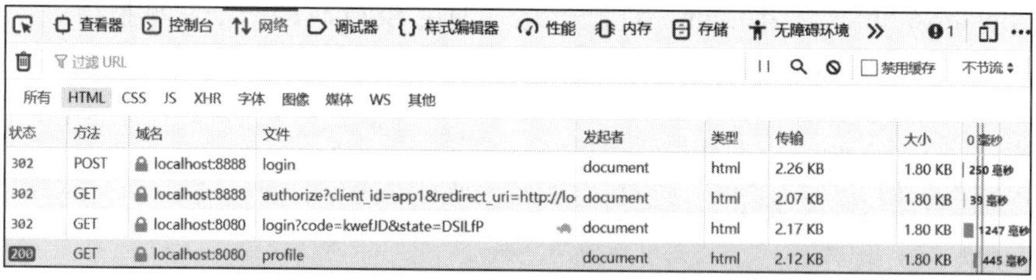

图 13-3　登录 App1 过程的网络请求跳转过程

可以看到，在成功登录之后，页面会重定向到 App1 中配置的回调地址（http://localhost:8080/app1/login）。与此同时，我们在请求地址中还发现了两个新的参数 code 和 state。App1 客户端会根据该 code 访问 SSO 服务器的"/oauth/token"端点以申请令牌。申请成功后，重定向到 App1 配置的回调地址。

现在，如果访问 App2，与第一次访问 App1 相同，浏览器先重定向到 App2 的登录页面，然后重新重定向到 SSO 服务器的授权链接，最后重定向到 App2 的登录页面。不同之处在于，此次访问并不需要再次重定向到 SSO 服务器进行登录，而是成功访问 SSO 服务器的授权接口，并携带着 code 重定向到 App2 的回调路径；然后 App2 根据 code 再次访问"/oauth/token"端点获得令牌，这样就可以正常访问受保护的资源了。

13.4　本章小结

本章是相对独立的一部分内容，针对日常开发过程中常见的单点登录场景，给出了案例的设计和实现过程。我们可以把各个独立的系统看成一个个客户端，然后基于 OAuth2 协议实现单点登录。本章详细介绍了如何构建 SSO 服务器端和客户端组件，以及两者之间的交互过程。

第14章

案例实战：构建微服务安全架构

通过前面几章的学习，我们已经知道 Spring Security 可以集成 OAuth2 协议并实现分布式环境下的访问授权。同时，Spring Security 也可以和 Spring Cloud 框架无缝集成，并完成对各个微服务的权限控制。本章将从零构建一个完整的微服务系统。同时，本章将重点展示 OAuth2 协议及 JWT 在其中所起到的作用。

14.1　案例设计和初始化

在本章的案例中，我们通过构建一个精简但又完整的系统来展示微服务架构相关的设计理念和各项技术组件。这个案例系统称为 SpringAppointment。

14.1.1　案例业务模型

SpringAppointment 案例系统包含的业务场景比较简单，主要用来模拟就医过程中的预约处理流程。而微服务架构设计首要的切入点在于服务建模，因为微服务架构与传统 SOA 等技术体系的本质区别就在于服务的粒度、服务本身面向的业务和组件化特性不同。针对服务建模，首先需要明确服务的类别及服务与业务之间的关系，即尽可能明确领域的边界。

针对服务建模，推荐使用领域驱动设计（Domain Driven Design，DDD）方法，通过识别领域中各个子域、判断这些子域是否独立、考虑子域与子域的交互关系来明确各个限界上下文（Boundary Context）之间的边界。

对于领域的划分，业界主流的分类方法认为，系统中的各个子域可以分成三种类型，即核心子域、支撑子域和通用子域。其中，系统中的核心业务属于核心子域，专注于业务某一方面的子域称为支撑子域，可以作为某种基础设施的功能归到通用子域。每个行业、每家公司具有不同的业务体系和产品形态，本书无意对业务建模的应用场景做过多介绍。关于 DDD 的设计和实现方法可以参考该领域的经典著作。

从领域建模的角度进行分析，可以把 SpringAppointment 案例系统拆分成三个子域，即就诊卡（Card）子域、医生（Doctor）子域及预约（Appointment）子域。

- 就诊卡子域：用户预约问诊必须使用就诊卡，每个用户都持有一张就诊卡，就诊卡提供用户信息有效性验证的入口。
- 医生子域：代表就诊预约的目标对象，即提供就诊服务的医生。
- 预约子域：实现预约流程，用户可以找到目标医生，并基于就诊卡信息执行预约操作。

从子域的分类上说，就诊卡子域比较明确，显然应该作为一种通用子域。而预约子域是 SpringAppointment 的核心业务，所以应该是核心子域。至于医生子域，这里比较倾向于归为支撑子域。

为了案例演示，这里尽量简化了每个子域所包含的内容，对每个子域都只提取一个微服务作为示例。基于以上分析，我们可以把 SpringAppointment 系统划分成三个微服务，即代表就诊卡子域的 card-service、代表医生子域的 doctor-service 和代表预约子域的 appointment-service。图 14-1 展示了 SpringAppointment 的服务交互模型，其中，appointment-service 需要基于 RESTful 风格完成与 card-service 和 doctor-service 服务之间的远程交互。

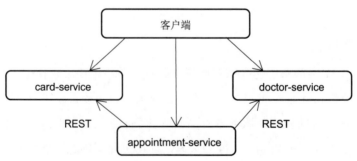

图 14-1　SpringAppointment 服务交互模型

以上述三个服务构成 SpringAppointment 的业务主体，属于业务微服务。而构建一个完整的微服务系统，还需要引入其他一系列服务，这些服务从不同的角度为实现微服务架构提供支持。

下面继续提炼 SpringAppointment 中的其他服务。

14.1.2 案例设计

纵观整个 SpringAppointment 系统，除了前面介绍的三个业务微服务，实际上更多的服务来自非业务性的基础设施类服务。在开始代码实现之前，我们先对案例中的服务划分、服务数据以及代码工程等方面进行设计。

1. 服务划分

采用 Spring Cloud 构建完整的微服务技术解决方案时，部分技术组件需要通过独立服务的形式进行运作，具体包括如下部分。

- 注册中心服务。本章将使用 Spring Cloud Netflix 中的 Eureka 来构建用于服务发现和服务注册的注册中心。Eureka 同时具备客户端组件和服务器端组件，其中客户端组件内嵌在各个微服务中，而服务器端组件则是独立的，所以需要构建一个 Eureka 服务。我们将该服务命名为 eureka-server。

- 配置中心服务。与 Eureka 一样，基于 Spring Cloud Config 构建的配置中心同样存在服务器端组件和客户端组件，其中，服务器端组件也需要构建一个独立的配置服务。我们将该服务命名为 config-server。

- API 网关服务。对网关服务而言，无论是使用 Spring Cloud Netflix 中的 Zuul 还是 Spring 自建的 Spring Cloud Gateway，都需要构建一个独立的服务来承接路由、安全和监控等功能。为简单起见，本章基于 Zuul 创建 API 网关服务，并将其命名为 zuul-server。

- 安全授权服务。对于安全授权服务，如果采用 Spring Security 所提供的 OAuth2 协议，就需要构建一个独立的 OAuth2 授权服务来生成服务访问所需要的令牌信息。第 10 章已详细介绍过构建 OAuth2 授权服务的实现过程。这里把该服务命名为 auth-server。

回到本案例，SpringAppointment 系统的所有服务如表 14-1 所示。对于基础设施服务，统一使用-server 后缀，而对于业务服务，则使用-service 后缀。

表 14-1　SpringAppointment 服务列表

服务名称	服务描述	服务类型
eureka-server	服务注册中心服务器	基础设施服务
config-server	分布式配置中心服务器	基础设施服务
zuul-server	Zuul 网关服务器	基础设施服务

续表

服务名称	服务描述	服务类型
auth-server	OAuth2 认证服务器	基础设施服务
card-service	就诊卡服务	业务服务
doctor-service	医生服务	业务服务
appointment-service	预约服务	业务服务

2. 服务数据

关于微服务架构中各种数据的管理策略，业界也存在两大类不同的观点。一种观点是采用传统的集中式数据管理，即把所有数据存放在一个数据库中，然后通过专业的 DBA 进行统一管理。另一种观点是，站在服务独立性的角度，微服务开发团队应该是全职能团队，所以微服务架构更加崇尚把数据也嵌入到微服务内部，由开发人员进行管理。因此，在本案例中，我们针对三个业务服务建立独立的三个数据库，数据库的访问信息通过配置中心进行集中管理，如图 14-2 所示。

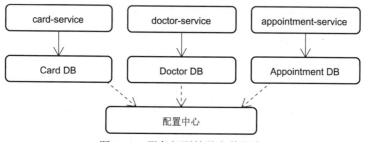

图 14-2　服务级别的独立数据库

3. 代码工程

虽然本案例中的各个服务在物理上都是独立的微服务，但从整个系统看，相互协作才能构成一个完整的微服务系统。也就是说，服务运行时存在一定的依赖性。下面结合系统架构对 Spring-Appointment 的运行方式进行梳理，基本方法是按照服务列表构建独立服务，并基于注册中心来管理它们之间的依赖关系，如图 14-3 所示。

在介绍本案例的具体代码实现之前，先对所使用的框架工具和对应的版本进行一定的约定。本章使用的 Spring Cloud 版本是 Hoxton 系列，使用 Maven 来组织每个工程的代码结构和依赖管理。基于这个案例，我们将详细介绍如何基于 Spring Cloud 构建微服务架构的各项核心技术。

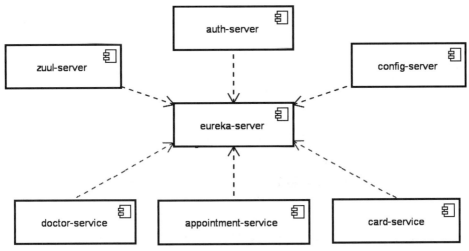

图 14-3 基于注册中心的服务运行时的依赖关系

14.2 构建微服务基础设施组件

在介绍完案例系统的设计方法和基本架构之后，本节将围绕如何构建微服务基础设施组件展开讨论。除了第 10 章已经构建的授权服务，我们还需要创建注册中心、配置中心和服务网关。

14.2.1 注册中心

针对注册中心，我们将创建一个新的 Maven 工程并命名为 eureka-server。eureka-server 是一个 Spring Boot 项目，它引入了 spring-cloud-starter-eureka-server 依赖，该依赖是 Spring Cloud 中实现 Spring Cloud Netflix Eureka 功能的主体 JAR 包。具体代码如下所示。

```
<dependency>
        <groupId>org.springframework.cloud</groupId>
        <artifactId>spring-cloud-starter-netflix-eureka-server</artifactId>
</dependency>
```

引入 Maven 依赖之后就可以创建 Spring Boot 的启动类。这里把该启动类命名为 EurekaServer-Application，如下所示。

```
@SpringBootApplication
@EnableEurekaServer
public class EurekaServerApplication {
    public static void main(String[] args) {

        SpringApplication.run(EurekaServerApplication.class, args);
    }
}
```

注意，在上述代码中，该启动类增加了一个@EnableEurekaServer 注解。在 Spring Cloud 中，包含@EnableEurekaServer 注解的服务表示是一个 Eureka 服务器组件。

运行该 EurekaServerApplication 类并访问"http://localhost:8761/"端点，若得到如图 14-4 所示的 Eureka 服务监控页面，则表示 Eureka 服务器成功启动。

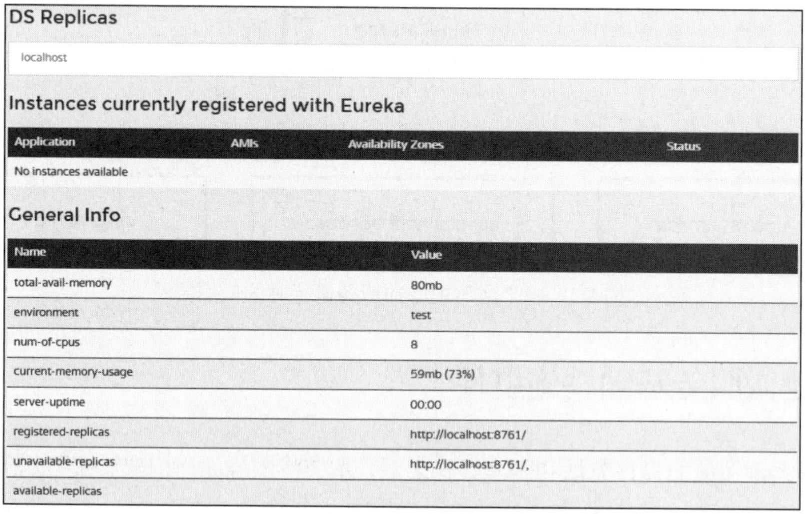

图 14-4　Eureka 服务监控页面

虽然目前还没有任何一个服务注册到 Eureka 中，但根据图 14-4，我们仍然可以得到关于 Eureka 服务器内存、CPU 等的有用信息。

同时，Eureka 也为开发人员提供了一系列的配置项。这些配置项可以分成以下三类。

第一类用于控制 Eureka 服务器端行为，以 eureka.server 开头。

第二类则是从客户端角度出发考虑配置需求，以 eureka.client 开头、

第三类则关注注册到 Eureka 的服务实例本身，以 eureka.instance 开头。

注意，Eureka 除了充当服务器端组件，实际上也可以作为客户端注册到 Eureka 本身，这时它使用的就是客户端配置项。

Eureka 的配置项很多，这里无意全部介绍。在日常开发过程中，使用最多的还是客户端相关的配置，所以这里仍以客户端配置为例展开讨论。现在，我们尝试在 eureka-server 工程的 application.yml 文件中添加如下配置信息。

```
server:
  port: 8761

eureka:
  client:
```

```
registerWithEureka: false
fetchRegistry: false
serviceUrl:
   defaultZone: http://localhost:8761
```

在这些配置项中，以 eureka.client 开头的客户端配置项有三个，分别是 registerWithEureka、fetchRegistry 和 serviceUrl。从配置项的命名上不难看出，registerWithEureka 用于指定是否把当前的客户端实例注册到 Eureka 服务器中，而 fetchRegistry 则指定是否从 Eureka 服务器上拉取服务注册信息。这两个配置项默认为 true，但这里都将其设置为 false，这是因为在微服务体系中，包括 Eureka 服务在内的所有服务对注册中心而言都可以算作客户端，而 Eureka 服务显然不同于业务服务，所以不希望 Eureka 服务对自身进行注册。

14.2.2 配置中心

使用 Spring Cloud Config 构建配置中心的第一步是搭建配置服务器。有了配置服务器就可以分别使用本地文件系统及第三方仓库来实现具体的配置方案。

基于 Spring Cloud Config 构建配置服务器，我们需要在 SpringAppointment 案例中创建一个新的独立服务 config-server 并导入 spring-cloud-config-server 和 spring-cloud-starter-config 组件，其中，前者包含用于构建配置服务器的各种组件，相应的 Maven 依赖如下所示。

```xml
<dependency>
        <groupId>org.springframework.cloud</groupId>
        <artifactId>spring-cloud-config-server</artifactId>
</dependency>

<dependency>
        <groupId>org.springframework.cloud</groupId>
        <artifactId>spring-cloud-starter-config</artifactId>
</dependency>
```

接下来我们在新建的 config-server 工程中添加一个 Bootstrap 类 ConfigServerApplication，如下所示。

```java
@SpringCloudApplication
@EnableConfigServer
public class ConfigServerApplication {

    public static void main(String[] args) {
        SpringApplication.run(ConfigServerApplication.class, args);
    }
}
```

除了熟悉的@SpringCloudApplication 注解，这里还添加了一个崭新的注解@EnableConfig-Server。有了该注解，配置服务器就可以将所存储的配置信息转化为 RESTful 风格的接口数据供各个业务微服务在分布式环境下使用。

Spring Cloud Config 中提供了多种配置仓库的实现方案，常见的是基于本地文件系统的配置方案和基于 Git 的配置方案。下面先讲解基于本地文件系统的配置方案，该配置方案相当于配置仓库位于配置服务器的内部。

在 SpringAppointment 案例中，当我们使用本地配置文件方案构建配置仓库时，典型的项目工程文件组织结构如图 14-5 所示。

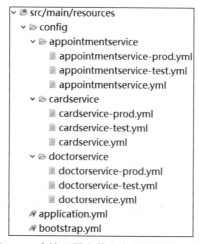

图 14-5　本地配置文件方案的项目工程结构

从图 14-5 中可以看到，我们先在 src/main/resources 目录下创建了一个 config 文件夹，然后在该文件夹下分别创建了 appointmentservice、cardservice 和 doctorservice 三个子文件夹。注意，这三个子文件夹的名称必须与各个服务自身的名称完全一致。可以看到这三个子文件夹下面都存放着以服务名称命名的针对不同运行环境的.yml 配置文件。

接下来我们在 application.yml 文件中添加如下配置项，通过 searchLocations 指向各个配置文件的路径。

```
server:
    port: 8888

spring:
  cloud:
    config:
      server:
        native:
        searchLocations: classpath: config/
            classpath: config/cardservice,
            classpath: config/doctorservice,
            classpath: config/appointmentservice
```

我们在 config/cardservice/cardservice.yml 配置文件中添加如下所示的配置信息。这些配置信息用于设置 MySQL 数据库访问的各项参数。

```
spring:
  jpa:
    database: MYSQL
  datasource:
    platform: mysql
    url: jdbc:mysql://localhost:3306/appointment-card
    username: root
    password: root
    driver-class-name: com.mysql.jdbc.Driver
```

Spring Cloud Config 提供了强大的集成入口，配置服务器可以将存放在本地文件系统中的配置文件信息自动转化为 RESTful 风格的接口数据。当我们启动配置服务器，并访问"http://localhost:8888/cardservice/default"端点时，可以得到如下信息。

```
{
    "name": "cardservice",
    "profiles": [
        "default"
    ],
    "label": master,
    "version": null,
    "state": null,
    "propertySources": [
        {
            "name": "classpath: config/cardservice/cardservice.yml",
            "source": {
                "spring.jpa.database": "MYSQL",
                "spring.datasource.platform": "mysql",
                "spring.datasource.url": "
jdbc:mysql://localhost:3306/appointment-card ",
                "spring.datasource.username": "root",
                "spring.datasource.password": "root ",
                "spring.datasource.driver-class-name": "com.mysql.jdbc.Driver"
            }
        }
    ]
}
```

因为访问的是"http://localhost:8888/cardservice/default"端点，相当于获取的是 cardservice.yml 文件中的配置信息，所以这里的"profiles"值为"default"，表示配置文件的 Profile 是默认环境。而"label"的值为"master"，实际上也代表一种默认版本信息。最后的"propertySources"配置段展示了配置文件的路径及具体内容。

那么，如果想要访问的是 test 环境的配置信息，应该如何做呢？很简单，将对应的端点改为"http:// localhost:8888/cardservice/test"即可。其他环境以此类推。

对 Spring Cloud Config 而言，也可以把配置信息存放在 Git 等具有版本控制机制的远程仓库中，通常是把所有的配置文件存放在自建或公共的 Git 系统中。例如，在 SpringAppointment 案例中，可以把各个服务所依赖的配置文件统一存放到 Github 进行托管。

因为改变了配置仓库的实现方式，同样需要修改 application.yml 中配置仓库的相关配置信息。调整后的配置信息如下所示。

```
server:
  port: 8888

spring:
  cloud:
    config:
      discovery:
        enabled: true
      server:
        encrypt.enabled: false
        git:
          uri: https://github.com/jianxiang/spring-appointment/config-repository/
          searchPaths: cardservice,doctorservice,appointmentservice
          username: jianxiang
          password: jianxiang
```

可以看到，我们在 spring.cloud.config.server.git 配置段中指定了 Github 相关的各项信息，其中，searchPaths 用于指向各个配置文件所在的目录名称。这里的配置项只是基于个人 GitGub 账号的一个演示，用户也可以根据自身情况设置。

事实上，基于 Git 的配置方案的最终结果也是将位于 Git 仓库中的远程配置文件加载到本地。一旦配置文件加载到本地，那么这些配置文件的处理方式及处理效果与前面介绍的本地文件系统完全一致。

14.2.3　服务网关

与其他微服务一样，服务网关同样也是一种服务，在代码工程中也是一个标准的 Spring Boot 应用程序。为了构建 Zuul 服务器，下面将创建 Maven 工程 zuul-server，并引入 spring-cloud-starter-netflix- zuul 依赖，如下所示。

```
<dependency>
    <groupId>org.springframework.cloud</groupId>
    <artifactId>spring-cloud-starter-netflix-zuul</artifactId>
</dependency>
```

接下来我们创建 Bootstrap 类，代码如下。

```
@SpringBootApplication
@EnableZuulProxy
public class ZuulServerApplication {

    public static void main(String[] args) {
```

```
        SpringApplication.run(ZuulServerApplication.class, args);
    }
}
```

这里引入了一个新的注解@EnableZuulProxy，嵌入该注解的 Bootstrap 类将自动成为 Zuul 服务器的入口。@EnableZuulProxy 注解非常强大，基于该注解可以使用 Zuul 中的各种内置过滤器实现复杂的服务路由。

服务网关的定位和功能涉及服务的发现和调用，因此服务网关与注册中心关系密切。以 Eureka 为代表的注册中心为服务路由提供了服务定义信息，这是能够实现服务路由的基础。为了与 Eureka 交互，针对 zuul-server，我们需要在 application.yml 配置文件中添加对 Eureka 的集成，配置内容如下所示。关于各个配置项的内容我们已经在介绍 Eureka 时做了详细介绍，这里不再赘述。

```
server:
  port: 5555

eureka:
  instance:
    preferIpAddress: true
  client:
    registerWithEureka: true
    fetchRegistry: true
    serviceUrl:
      defaultZone: http://localhost:8761/eureka/
```

对服务网关而言，最重要的功能就是服务路由，即通过 Zuul 访问的请求会路由并转发到对应的后端服务中。通过 Zuul 进行服务访问的 URL 的通用格式如下所示。

```
http://zuulservice:5555/service
```

其中，zuulservice 代表 Zuul 服务器地址，而这里的“/service”所对应的后端服务依赖于 Zuul 中的服务路由信息。在 Zuul 中，服务路由信息的设置存在几种常见的做法，包括基于服务发现映射服务路由和基于动态配置映射服务路由。

接下来我们首先了解基于服务发现映射服务路由。Zuul 可以基于注册中心的服务发现机制实现自动化的服务路由功能，所以使用 Zuul 实现服务路由的常见方法是利用这种自动化的路由映射关系来确定路由信息。

从开发角度说，系统自动映射比较简单，我们不需要做任何事情。因为 Eureka 已经保存各种服务定义信息，而服务定义信息则包含各个服务的名称，所以 Zuul 可以把这些服务的名称与目标服务进行自动匹配。匹配的规则是直接将目标服务映射到服务名称。

例如，在 card-service 的配置文件中，我们可以通过以下配置项指定该服务的名称为“cardservice”。

```
spring:
  application:
    name: cardservice
```

此时就可以通过"http://zuulservice:5555/cardservice"端点访问该服务。注意，该 URL 中的目标服务名称是"cardservice"，与服务定义中的名称保持一致。

Zuul 在启动过程中会从 Eureka 中获取当前所有已注册的服务，然后自动生成服务名称与目标服务之间的映射关系。现在，先后启动 eureka-server、card-service 和 zuul-server，然后访问如下地址。

```
http://localhost:5555/actuator/routes
```

这时可以看到如下所示的键值对信息。这些键值对信息实际上就是服务路由映射信息。

```
{
  "/cardservice/**":"cardservice"
}
```

这里的"http://localhost:5555/actuator/routes"是 Zuul 提供的服务路由端点，它展示了目前在 Zuul 中配置的服务路由信息。其中，"/cardservice/**"后半部分的"**"表示所有访问该路径及子路径的请求都将被自动路由到注册中心 Eureka 中名称为"cardservice"的某个服务实例。

通过这种方式，如果注册了一个新的服务或下线了某个已有服务，那么该映射列表也会做相应的调整。整个过程对开发人员完全透明。

基于服务发现机制的系统自动映射非常方便，但也有明显的局限性。在日常开发过程中，我们往往需要对服务映射关系有更多的定制化需求，如不使用默认的服务名称来命名目标服务，或者为各个请求路径加统一的前缀等。Zuul 充分考虑到这些需求，开发人员可以通过配置实现服务路由的灵活映射。

首先，在 zuul-server 工程的 application.yml 配置文件中，我们可以为 card-service 配置特定的服务名称与请求地址之间的映射关系，如下所示。

```
zuul:
  routes:
    cardservice: /card/**
```

注意，这里使用"/card"为 card-service 指定请求根地址。现在访问"http://zuulservice:5555/card/"端点就相当于将请求发送给 Eureka 中的"cardservice"实例。

重启 zuul-server 并访问"http://localhost:5555/actuator/routes"端点，得到的服务路由映射关系如下所示。

```
{
  "/card/**":"cardservice",
  "/cardservice/**":"cardservice"
}
```

可以看到在原有路由信息的基础上，Zuul 生成了一条新的路由信息，对应于配置文件中的配置。现在，访问某个服务的入口相当于变成两个，一个是系统自动映射的路由，另一个是通过配置所生成的路由。有时候，我们可能并不希望系统自动映射的路由被外部使用，可以通过"ignored-services"配置项把它们从服务路由中删除。再次以 card-service 为例，ignored-services 配置项的使用方法如下所示。

```
zuul:
  routes:
    ignored-services: 'cardservice'
    cardservice: /card/**
```

下面是另外一个比较常见的应用场景。一个大型的微服务架构可能会有非常多的微服务，这时需要对这些服务进行全局性规划，通过模块或子系统的方式进行管理。针对路由信息，在各个服务请求地址上添加一个前缀以标识模块和子系统是一项最佳的实现。针对这种场景，我们可以使用 Zuul 提供的"prefix"配置项，如下所示。

```
zuul:
  prefix: /appointment
  routes:
    ignored-services: 'cardservice'
    cardservice: /card/**
```

"prefix"配置项设置为"/appointment"，这表示所有配置的路由请求地址之前都会自动添加"/appointment"前缀，以标识这些请求属于 SpringAppointment 系统。现在访问"http://localhost: 5555/actuator/routes"端点，可以看到所配置的前缀已经生效，如下所示。

```
{
    "/appointment/card/**":"cardservice"
}
```

现在，SpringAppointment 案例系统中的基础设施组件已经全部构建完毕。接下来我们将进一步实现三个业务服务。

14.3 实现业务服务

在微服务架构中，涉及各个业务服务的开发工作主要包含两大方面：一方面集成 14.2 节中构建的基础组件，另一方面实现业务流程。

14.3.1 集成微服务基础组件

在 SpringAppointment 案例系统中，我们需要构建三个业务微服务，即 card-service、doctor-service 和 appointment-service，它们都是独立的 Spring Boot 应用程序。在构建业务服务时，

先要完成它们与基础设施类服务的集成。因为服务网关起到的是服务路由作用，所以它对各个业务服务而言是透明的。其他的注册中心、配置中心和授权中心都需要每个业务服务分别完成与它们之间的有效集成。

1. 集成注册中心

对注册中心 Eureka 而言，card-service、doctor-service 和 appointment-service 都是它的客户端，所以需要在 pom 文件中添加对 spring-cloud-starter-netflix-eureka-client 的依赖，如下所示。

```
<dependency>
    <groupId>org.springframework.cloud</groupId>
    <artifactId>spring-cloud-starter-netflix-eureka-client</artifactId>
</dependency>
```

下面以 appointment-service 为例进行介绍，其 Bootstrap 类如下所示。

```
@SpringBootApplication
@EnableEurekaClient
public class AppointmentApplication {
    public static void main(String[] args) {

        SpringApplication.run(AppointmentApplication.class, args);
    }
}
```

这里引入了一个新的注解@EnableEurekaClient，该注解用于表明当前服务是一个 Eureka 客户端，这样该服务就可以自动注册到 Eureka 服务器。当然，也可以直接使用@SpringCloudApplication 注解，该注解的效果相当于把@SpringBootApplication 和@EnableEurekaClient 注解整合在一起。

接下来是最重要的配置工作。appointment-service 中的配置如下所示。

```
spring:
  application:
    name: appointmentservice
server:
  port: 8083

eureka:
  client:
    registerWithEureka: true
    fetchRegistry: true
    serviceUrl:
      defaultZone: http://localhost:8761/eureka/
```

显然，这里包含两段配置。其中，第一段配置指定服务的名称和运行时的端口。在上面的示例中，appointment-service 的名称通过 "spring.application.name=appointmentservice" 配置项进行指定，也就是说，appointment-service 在注册中心中的名称为 "appointmentservice"。在后续的示例中，我们会使用该名称获取 appointment-service 在 Eureka 中的各种注册信息。

在 eureka.client 代码段中设置 Eureka 客户端行为。这里的 registerWithEureka、fetchRegistry 和 serviceUrl 三个配置项在本章前面内容中都已经介绍过。registerWithEureka 和 fetchRegistry 的默认值为 true，这里再次显式指定是为了强调它们的特性；而 serviceUrl.defaultZone 用于指定 Eureka 服务器的地址。

2. 集成配置中心

想获取配置服务器中的配置信息，需要初始化客户端，也就是将各个业务微服务与 Spring Cloud Config 服务器端集成。初始化配置中心客户端的第一步是引入 Spring Cloud Config 的客户端组件 spring-cloud-config-client，如下所示。

```
<dependency>
    <groupId>org.springframework.cloud</groupId>
    <artifactId>spring-cloud-config-client</artifactId>
</dependency>
```

然后，在配置文件 application.yml 中指定配置服务器的访问地址，如下所示。

```
spring:
  application:
    name: appointmentservice
  profiles:
    active:
      prod

cloud:
  config:
    enabled: true
    uri: http://localhost:8888
```

以上配置信息中有几个地方值得注意。首先，该 Spring Boot 应用程序的名称 "appointmentservice" 必须与 14.2 节中在配置服务器上创建的文件目录名称保持一致，如果两者不一致会导致访问配置信息失败。其次，设置 profiles 值为 prod，表示使用生产环境的配置信息，也就是会获取配置服务器上 appointmentservice-prod.yml 配置文件中的内容。最后，指定配置服务器所在的地址，也就是 "http://localhost:8888"。

一旦引入 Spring Cloud Config 的客户端组件，就相当于在各个微服务中自动集成访问配置服务器中 HTTP 端点的功能。访问配置服务器的过程对各个微服务而言是透明的，即微服务不需要考虑如何从远程服务器获取配置信息，只须考虑如何在 Spring Boot 应用程序中使用这些配置信息即可。

在日常的开发过程中，配置文件的常见用途是存储各种外部工具的访问元数据，典型的应用就是管理数据库连接配置。在 SpringAppointment 案例中，每个业务微服务都需要进行数据库操作。下面演示如何通过 Spring Cloud Config 实现对数据库数据源（Data Source）进行访问的配置过程。

事实上，对常见的数据库访问配置而言，Spring 已经内置了整合过程，我们要做的就是引入相关的依赖组件。以 appointment-service 为例，该服务使用的是 JPA 和 MySQL，因此需要在服务中引入相关的依赖，如下所示。

```xml
<dependency>
    <groupId>org.springframework.boot</groupId>
    <artifactId>spring-boot-starter-data-jpa</artifactId>
</dependency>

<dependency>
    <groupId>mysql</groupId>
    <artifactId>mysql-connector-java</artifactId>
</dependency>
```

首先，定义 appointment-service 中用到的"appointment"表结构和初始化数据，如下所示。

```sql
DROP TABLE IF EXISTS 'appointment';

CREATE TABLE 'appointment'
(
  id                BIGINT(20) PRIMARY KEY NOT NULL AUTO_INCREMENT,
  create_time       TIMESTAMP NOT NULL,
  doctor_id   BIGINT(20) NOT NULL,
  card_id   BIGINT(20) NOT NULL,
  remark varchar(255) DEFAULT NULL
)ENGINE=InnoDB AUTO_INCREMENT=2 DEFAULT CHARSET=utf8;
```

其次，在 appointment-service 中定义 Appointment 实体类，可以使用 JPA 相关的@Entity、@Table、@Id 和@GeneratedValue 注解，如下所示。

```java
@Entity
public class Appointment {
    @Id
    @GeneratedValue(strategy = GenerationType.IDENTITY)
    private Long id;
    private Long doctorId;
    private Long cardId;
    private String remark;
    private Date createTime;
    //省略get/set
}
```

本节设计了一个简单的 AppointmentRepository，其继承 JpaRepository 工具类，如下所示。

```java
@Repository
public interface AppointmentRepository extends JpaRepository<Appointment, Long> {

}
```

有了 AppointmentRepository 之后，创建对应的 AppointmentService 和 AppointmentController

结构也非常简单。其中，AppointmentService 中的 generateAppointment()方法如下所示。

```
@Service
public class AppointmentService {

    @Autowired
    AppointmentRepository appointmentRepository;

    public Appointment generateAppointment(Long doctorId, Long cardId) {

        Appointment appointment = new Appointment();
        appointment.setDoctorId(doctorId);
        appointment.setCardId(cardId);
        appointment.setCreateTime(new Date());

        appointmentRepository.save(appointment);

        return appointment;
    }
}
```

而 AppointmentController 也提供对应的 HTTP 端点，如下所示。

```
@RestController
@RequestMapping(value="appointments")
public class AppointmentController {

    @Autowired
    AppointmentService appointmentService;

    @PostMapping(value="/{doctorId}/{cardId}")
    public Appointment addAppointment(@PathVariable("doctorId") Long doctorId, @Path-
Variable("cardId") Long cardId) {

        return appointmentService.generateAppointment(doctorId, cardId);
    }
}
```

如果通过 Postman 访问 "http://localhost:8083/appointments/{doctorId}/{cardId}" 端点，可以获取对应数据库中的存储结果，这表示数据库访问操作成功完成，位于配置服务器中的数据源配置信息已经生效。

通过上面的示例，可以看到，在整合数据库访问功能的整个过程中，开发人员几乎不需要关注背后所依赖的数据源配置信息就能实现数据库访问，基于 Spring Cloud Config 的配置中心解决方案屏蔽了配置信息存储和获取的实现复杂性。

3. 集成授权中心

在业务服务中集成授权中心的实现方法已经在第 11 章做了详细介绍，这里只做一个简单回顾。首先，在 Spring Boot 的启动类上添加@EnableResourceServer 注解，如下所示。

```
@SpringCloudApplication
@EnableResourceServer
```

```
public class OrderApplication {

    public static void main(String[] args) {
        SpringApplication.run(OrderApplication.class, args);
    }
}
```

其次，在配置文件中指定授权中心服务的地址，如下所示。

```
security:
  oauth2:
    resource:
      userInfoUri: http://localhost:8080/userinfo
```

最后，在每个业务服务中嵌入访问授权控制。可以使用用户层级的权限访问控制、用户+角色层级的权限访问控制，以及用户+角色+请求方法层级的权限访问控制这三种策略中的任意一种实现这一目标。

14.3.2 实现业务流程

再次回到 SpringAppointment 案例系统，本节以用户预约业务场景为例进行介绍。appointment-service、doctor-service 和 card-service 三个服务之间的交互方式如图 14-6 所示。

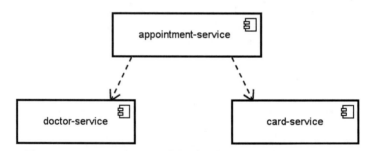

图 14-6 SpringAppointment 案例系统中三个服务之间的交互方式

通过该图，可以梳理得到该场景下的代码结构，如下所示。

```
public Appointment generateAppointment(String doctorName, String cardCode) {

    Appointment appointment = new Appointment();

    //获取远程 Card 信息
    CardMapper card = getCard(cardCode);
    …

    //获取远程 Doctor 信息
    DoctorMapper doctor = getDoctor(doctorName);
    …

    appointmentRepository.save(appointment);
```

```
    return appointment;
}
```

其中，appointment-service 从 card-service 获取 Card 对象以及从 doctor-service 中获取 Doctor 对象这两个步骤都会涉及远程 Web 服务的访问。因此，上述代码中，getCard()方法和 getDoctor() 方法都会涉及微服务之间的相互依赖和调用，如下所示。

```
@Autowired
DoctorRestTemplateClient doctorRestTemplateClient;

@Autowired
CardRestTemplateClient cardRestTemplateClient;

private CardMapper getCard(String cardCode) {

    return cardRestTemplateClient.getCardByCardCode(cardCode);
}
private DoctorMapper getDoctor(String doctorName) {

    return doctorRestTemplateClient.getDoctorByDoctorName(doctorName);
}
```

这里通过注入 CardRestTemplateClient 和 DoctorRestTemplateClient 两个工具类实现远程调用。以 CardRestTemplateClient 为例，它的实现过程如下所示。

```
@Service
public class CardRestTemplateClient {

    @Autowired
    RestTemplate restTemplate;

    public CardMapper getCardByCardCode(String cardCode) {
        ResponseEntity<CardMapper> result =

restTemplate.exchange("http://zuulservice:5555/api/card/cards/{cardCode}", HttpMethod
.GET, null, CardMapper.class, cardCode);

        return result.getBody();
    }
}
```

可以看到，这里通过 Zuul 网关访问 card-service 并获取响应结果。DoctorRestTemplateClient 的实现过程与此相类似。

最后，AppointmentService 用于生成预约记录的 generateAppointment()方法的完整实现如下所示。

```
public Appointment generateAppointment(String doctorName, String cardCode) {

    Appointment appointment = new Appointment();
```

```java
    //获取远程 Card 信息
    CardMapper card = getCard(cardCode);
    if (card == null) {
        return appointment;
    }

    //获取远程 Doctor 信息
    DoctorMapper doctor = getDoctor(doctorName);
    if (doctor == null) {
        return appointment;
    }

    appointment.setDoctorId(doctor.getId());
    appointment.setCardId(card.getId());
    appointment.setCreateTime(new Date());

    appointmentRepository.save(appointment);

    return appointment;
}
```

上述 generateAppointment()方法代表微服务系统开发过程中的常见场景，即一个服务内部会调用其他多个服务完成某个具体业务操作。

14.4　集成和扩展 JWT

本节将讨论如何在微服务架构中集成 JWT，从而完成自定义令牌的有效传播，同时会给出扩展 JWT 的实现方法。这些方法在日常开发过程中非常有用。

14.4.1　集成 JWT

在第 12 章中，我们引入了 JWT 并完成与 OAuth2 协议的集成，从而构建了定制化的令牌。JWT 同样也需要在整个服务调用链路中进行传递，该流程分成以下几个步骤。

第一步，持有 JWT 的客户端访问 appointment-service 提供的 HTTP 端点进行预约操作，该服务会验证所传入 JWT 的有效性。

第二步，appointment-service 再次通过网关访问 card-service 和 doctor-service，这两个服务同样分别对传入的 JWT 进行验证并返回相应的结果。

现在，我们可以在 appointment-service 中找到 CardRestTemplateClient 类。14.3 节中已经给出它的完整代码实现，这里需要强调的是下面这段代码。

```java
@Service
public class CardRestTemplateClient {

    @Autowired
```

```
    RestTemplate restTemplate;
    …
}
```

注意，12.3 节已构建了该 RestTemplate，并基于 AuthorizationHeaderInterceptor 对请求进行拦截，从而完成 JWT 在各个服务中的正确传播。

第三步，通过 Postman 验证以上流程的正确性。通过访问 appointment-service 暴露的 HTTP 端点，并传入角色为"ADMIN"的用户对应的令牌信息，可以看到已经成功创建预约记录。我们可以尝试通过生成不同的令牌来执行这一流程，并验证授权效果。

14.4.2　扩展 JWT

本节通过 SpringAppointment 案例系统介绍如何扩展 JWT。JWT 具有良好的可扩展性，开发人员可以根据需要在 JWT 令牌中添加自己想要的各种附加信息。

针对 JWT 的扩展性场景，Spring Security 专门提供了一个 TokenEnhancer 接口来对令牌进行增强（enhance），该接口的定义如下。

```
public interface TokenEnhancer {
    OAuth2AccessToken enhance(OAuth2AccessToken accessToken, OAuth2Authentication
authentication);
}
```

可以看到，这里传入的是一个 OAuth2AccessToken 接口，而该接口有一个默认的实现类 Default OAuth2AccessToken。我们可以通过该实现类的 setAdditionalInformation()方法以键值对的方式将附加信息添加到 JWTTokenEnhancer 中，如下所示。

```
public class JWTTokenEnhancer implements TokenEnhancer {

    @Override
    public OAuth2AccessToken enhance(OAuth2AccessToken accessToken, OAuth2Authentication
authentication) {
        Map<String, Object> systemInfo = new HashMap<>();
        systemInfo.put("system", "Appointment System");

        ((DefaultOAuth2AccessToken) accessToken).setAdditionalInformation(systemInfo);
        return accessToken;
    }
}
```

上述代码以硬编码的方式添加了一个"system"属性，开发人员也可以根据需要进行相应的调整。

要想使得上述 JWTTokenEnhancer 类生效，需要对 JWTOAuth2Config 配置类中的 configure() 方法进行重新配置，并将 JWTTokenEnhancer 嵌入 TokenEnhancerChain 中。现在，完整的 JWTOAuth2Config 类如下所示。

```java
@Configuration
public class JWTOAuth2Config extends AuthorizationServerConfigurerAdapter {

    @Autowired
    private AuthenticationManager authenticationManager;

    @Autowired
    private UserDetailsService userDetailsService;

    @Autowired
    private TokenStore tokenStore;

    @Autowired
    private DefaultTokenServices tokenServices;

    @Autowired
    private JwtAccessTokenConverter jwtAccessTokenConverter;

    @Autowired
    private TokenEnhancer jwtTokenEnhancer;

    @Override
    public void configure(AuthorizationServerEndpointsConfigurer endpoints) throws Exception {
    TokenEnhancerChain tokenEnhancerChain = new TokenEnhancerChain();

    //将 JWTTokenEnhancer 嵌入到 TokenEnhancerChain 链中
    tokenEnhancerChain.setTokenEnhancers(Arrays.asList(jwtTokenEnhancer, jwtAccessToken-
Converter));

    endpoints.tokenStore(tokenStore)
            .accessTokenConverter(jwtAccessTokenConverter)
            .tokenEnhancer(tokenEnhancerChain)
            .authenticationManager(authenticationManager)
            .userDetailsService(userDetailsService);
    }

    @Override
    public void configure(ClientDetailsServiceConfigurer clients) throws Exception {
        clients.inMemory()
.withClient("appointment_client").secret("{noop}appointment_secret")
        .authorizedGrantTypes("refresh_token", "password", "client_credentials")
        .scopes("webclient", "mobileclient");
    }
}
```

注意，上述代码通过创建一个 TokenEnhancer 列表，将包括 JWTTokenEnhancer 在内的多个 TokenEnhancer 嵌入 TokenEnhancerChain 中。

现在，我们已经扩展 JWT 令牌。那么，如何从该 JWT 令牌中获取所扩展的属性呢？方法也比较简单和固定。可以在 Zuul 网关中添加一个自定义的过滤器 JWTFilter，用来对请求进行拦截并从 JWT 令牌中获取自定义属性，如下所示。

```java
@Component
public class JWTFilter extends ZuulFilter{

    public static final String AUTHORIZATION_HEADER = "Authorization";

    @Override
    public String filterType() {
        return "post";
    }

    @Override
    public int filterOrder() {
        return 1;
    }

    @Override
    public boolean shouldFilter() {
        return true;
    }

    @Override
    public Object run() {
        //获取 JWT 令牌
        RequestContext ctx = RequestContext.getCurrentContext();
        String authorizationHeader = ctx.getRequest().getHeader(AUTHORIZATION_HEADER);
        String jwtToken = authorizationHeader.replace("Bearer ","");

        //解析 JWT 令牌
        String[] split_string = jwtToken.split("\\.");
        String base64EncodedBody = split_string[1];
        Base64 base64Url = new Base64(true);
        String body = new String(base64Url.decode(base64EncodedBody));
        JSONObject jsonObj = new JSONObject(body);

        //获取定制化属性值
        String systemName = jsonObj.getString("system");

        System.out.print(systemName);

        return null;
    }
}
```

这里也展示了 Zuul 网关中的 ZuulFilter 组件。在上述代码中，ZuulFilter 是一个抽象类，通过继承该抽象类，覆写几个关键方法就能达到自定义调度请求的效果。ZuulFilter 定义了以下几个主要方法。

- filterOrder()，Filter 执行顺序，通过数字指定。数字越大，优先级越低。
- shouldFilter()，Filter 是否需要执行，true 代表生效，false 代表不生效。一般情况下该方法都会返回 true，但当我们需要根据场景动态设置过滤器是否生效时就会用到该方法。

典型的应用场景包括根据服务请求中是否携带某个参数来判断是否需要生效，或者手动控制该过滤器是否生效。

- run()，Filter 具体实现逻辑。
- filterType()，Filter 类型，内置过滤器分为 PRE、ROUTING、POST 和 ERROR 四种，分别用于路由前、路由中、路由后及错误 4 种应用场景。

通过对 ZuulFilter 结构的介绍，相信你已经理解 JWTFilter 的运行机制了。这里使用过滤器拦截通过网关的请求，也可以把 run()方法中解析 JWT 令牌的代码嵌入需要应用自定义"system"属性的任何场景中。

14.5 本章小结

案例分析是掌握一个框架应用方式的最好方法，对 OAuth2 协议而言也是一样的。本章结合 Spring Security 和 Spring Cloud 构建了一个微服务案例系统 SpringAppointment。我们根据 Spring-Appointment 案例中的业务场景划分了各个微服务，并分别介绍了各个基础设施类服务和业务服务的构建过程。在整个案例中，我们一方面展示了业务服务与基础设施服务的集成过程，另一方面演示了集成和扩展 JWT 的实现过程。

第 5 篇

响应式安全

本篇通过两章内容分别介绍响应式 Spring Security 组件以及测试应用程序安全性的系统方法。通过本篇的学习，读者将掌握对 Spring Security 框架提供的各项功能进行测试的实现过程，并对响应式安全这一全新技术体系有一定的了解。

- 第 15 章讲解响应式编程和 Spring 框架提供的对应响应式组件。同时，围绕 Spring Security，该章给出了响应式用户认证、响应式授权机制以及响应式方法级别访问控制的实现方法。
- 第 16 章讲解了测试系统安全性的方法论以及 Spring Security 提供的测试解决方案。同时基于 Spring Security，该章介绍了对用户、认证、方法级别安全以及 CSRF 和 CORS 配置进行测试的实现方法。

第 15 章

响应式 Spring Security

对大多数日常业务场景而言，软件系统在任何时候都需要确保具备即时响应性。而响应式编程（reactive programming）就是用来构建具有即时响应性系统的一种新型编程技术。伴随着 Spring 5 的发布，人们迎来了响应式编程的全新发展时期。而 Spring Security 作为 Spring 家族的一员，同样实现了一系列的响应式组件。本章将围绕这些组件展开讨论。

15.1 响应式编程和 Spring 框架

由于响应式编程是一个比较新的技术体系，为了更好地理解响应式 Spring Security，本节将先介绍响应式编程中的一些基本概念，并给出 Spring 5 中集成的响应式编程组件。

15.1.1 响应式编程的基本概念

在实际开发过程中，人们普遍采用同步阻塞式的开发模式来实现业务系统。在这种模式下，代码的开发、调试和维护都很简单。下面将以 Web 系统中常见的 HTTP 请求为例来分析其背后的 I/O 模型，从而帮助读者进一步了解传统开发模式。

在第 10 章介绍的 SpringAppointment 案例系统中，我们已经掌握 Spring 框架中 RestTemplate 模板工具类的使用方法。可以通过该类提供的 exchange()方法对远程 Web 服务暴露的 HTTP 端点发起请求，并对获取的响应结果做进一步处理。这是日常开发过程中非常典型的一种场景。

那么，这个实现过程背后有没有可以改进的地方呢？为了更好地分析整个调用过程，这里假设服务的提供者为服务 A，而服务的消费者为服务 B，那么这两个服务之间的交互过程如

图 15-1 所示。

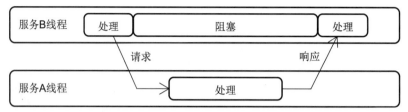

图 15-1　服务 A 和服务 B 的交互过程

　　可以看到，当服务 B 向服务 A 发送 HTTP 请求时，服务 B 的线程只有在发起请求和响应结果的一小部分时间内有效使用 CPU，而更多的时间则只是在阻塞式地等待来自服务 A 的线程的处理结果。显然，整个过程中 CPU 的利用效率很低，很多时间线程被浪费在 I/O 阻塞上，无法执行其他处理过程。

　　更进一步，如果采用典型的 Web 服务分层架构，一般首先使用 Web 层提供的 HTTP 端点作为查询的操作入口，该操作入口进一步调用包含业务逻辑处理的服务层，而服务层再调用数据访问层，数据访问层会连接数据库以获取数据。然后将从数据库中获取的数据逐层向上传递，最后返回给服务的调用者。在整个过程中，每一步的操作过程都存在着前面描述的线程等待问题。也就是说，整个技术栈中的每个环节都可能是同步阻塞的，如图 15-2 所示。

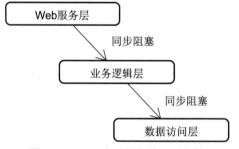

图 15-2　Web 应用程序的三层架构

　　本质上，响应式编程是一种将同步阻塞转化为异步非阻塞的技术体系。在响应式系统中，任何操作都可以看作一种事件，而这些事件构成数据流。对技术栈而言这个数据流是一个全流程的概念。也就是说，无论是从数据访问层向上到达业务逻辑层，最后到达 Web 服务层，还是在这个流程中所包含的任意中间层组件中，整个数据传递链路都应该采用事件驱动的方式运作。这样操作，开发人员可以不采用传统的同步调用方式处理数据，而是由位于数据库上游的各层组件自动执行事件。这就是响应式编程的核心特点。基于响应式实现方法的数据流转时序如图 15-3 所示。

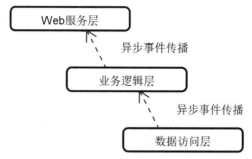

图 15-3 基于响应式实现方法的数据流转时序

相较于传统开发所普遍采用的"拉"模式，在响应式编程下，基于事件的触发和订阅机制，开发过程将形成一种类似"推"的工作方式。这种工作方式的优势在于，生成事件和消费事件的过程是异步执行的，所以线程的生命周期都很短，这意味着资源之间的竞争关系较少，服务器的响应能力得到提升。

讲到这里，你可能已经意识到，所谓的"响应式"并不是一件颠覆式的事情，它只是一种新型的编程模式。"响应式宣言"很好地阐述了这一编程模式，你可以通过相应的官方文档进一步了解。响应式编程针对数据流的具体操作方法都定义在响应式流（reactive stream）规范中。在 Java 世界中，关于响应式流规范的实现也有一些主流的开源框架，包括 RxJava、Vert.x 及 Project Reactor 等。

15.1.2 Project Reactor

Spring 5 选择 Project Reactor（简称 Reactor）作为它的内置响应式编程框架。Reactor 框架既可以单独使用，也可以与主流框架进行集成。和集成其他第三方开发库一样，如果想要在代码中引入 Reactor，可以在 Maven 的 pom 文件中添加如下依赖包。

```
<dependency>
    <groupId>io.projectreactor</groupId>
    <artifactId>reactor-core</artifactId>
</dependency>

<dependency>
    <groupId>io.projectreactor</groupId>
    <artifactId>reactor-test</artifactId>
    <scope>test</scope>
</dependency>
```

其中，reactor-core 包含 Reactor 的核心功能，而 reactor-test 则提供支持测试的相关工具类。本节将从 Reactor 框架的异步数据序列入手，引出该框架所提供的 Flux 和 Mono 两个核心编程组件及相关的操作符。

1. Flux 和 Mono

响应式流规范的基本组件是一个异步数据序列。在 Reactor 框架中，可以把该异步数据序列表示成如下形式。

```
onNext x 0..N [onError | onComplete]
```

显然，异步数据序列包含三种消息通知，分别对应执行过程中的三种不同数据处理场景，具体介绍如下。

- onNext 表示包含元素的正常的消息通知。
- onComplete 表示序列结束的消息通知。
- onError 表示序列出错的消息通知。

上述三种消息通知对应着三个同名的方法。正常情况下，onNext()和 onComplete()方法都应该被调用，用来正常消费数据并结束序列。如果没有调用 onComplete()方法，就会生成一个无界数据序列。在业务系统中，这通常是不合理的。而 onError()方法只有序列出现异常时才会被调用。

基于上述异步数据序列，Reactor 框架提供了两个核心工具类来发布数据，分别是 Flux 和 Mono。其中，Flux 代表的是一个包含 0～n 个元素的异步序列，而 Mono 代表的是只包含 0 个或 1 个元素的异步序列。这两个类可以说是应用程序开发过程中基本的编程对象。

接下来创建一个 Flux 对象，如下所示。

```java
private Flux<Order> getAccounts() {
    List<Account> accountList = new ArrayList<>();

    Account account = new Account();
    account.setId(1L);
    account.setAccountCode("DemoCode");
    account.setAccountName("DemoName");
    accountList.add(account);

    return Flux.fromIterable(accountList);
}
```

以上代码通过 Flux.fromIterable()方法构建一个 Flux<Account>对象并返回。Flux.fromIterable()是构建 Flux 的一种常用方法。此外，Mono 组件也提供了一组创建 Mono 数据流的有用方法，如下面的代码所示。

```java
private Mono<Account> getAccountById(Long id) {
    Account account = new Account();
    account.setId(id);
    account.setAccountCode("DemoCode");
    account.setAccountName("DemoName");
    accountList.add(account);
```

```
        return Mono.just(account);
}
```

可以看到，这里先构建了一个 Account 对象，然后通过 Mono.just()方法返回一个 Mono对象。

2. 操作符

操作符并不是响应式流规范的一部分，但为了改进响应式代码的可读性并降低开发成本，Reactor 库的 API 提供了一组丰富的操作符。这些操作符为响应式流规范提供了最大的附加值。操作符的执行效果如图 15-4 所示。

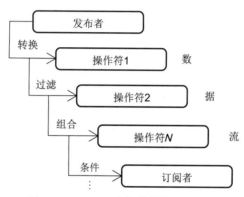

图 15-4　Reactor 中操作符的执行效果

在 Reactor 中，我们可以把操作符分成转换、过滤、组合、条件、数学、日志、调试等几大类，每一类都提供一批有用的操作符。尤其是针对转换场景，操作符非常健全。例如，常见的 map 操作符相当于一种映射操作，它对流中的每个元素应用一个映射函数，从而达到转换效果。例如下面的代码。

```
Flux.just(1, 2).map(i -> "number-" + i).subscribe(System.out::println);
```

这行代码的输出如下所示。

```
number-1
number-2
```

flatMap 操作符执行的也是一种映射操作，但与 map 不同，该操作符会把流中的每个元素都映射成一个流，而不是一个元素，然后合并得到的所有流中的元素。以下是 flatMap 操作符的一种常见应用方法。

```
Flux.just(1, 5)
    .flatMap(x -> Mono.just(x * x))
    .subscribe(System.out::println);
```

以上代码对 1 和 5 这两个元素使用了 flatMap 操作，操作的结果是返回它们的平方值并进行合并，执行效果如下所示。

```
1
25
```

事实上，flatMap 可以对任何用户感兴趣的操作进行转换。例如，在系统开发过程中，经常需要逐一处理来自数据库的数据项，这时候就可以充分利用 flatMap 操作符的特性进行相关操作。如下所示的代码演示了从数据库获取 User 数据流，然后使用该操作符逐一查询 User 所生成的订单信息的实现方法。

```
Flux<User> users = userRepository.getUsers();
users.flatMap(u -> getOrdersByUser(u))
```

Reactor 提供的操作符强大而实用。后续内容将逐一讲解部分具有代表性的操作符。

15.1.3　Spring WebFlux

针对一个完整的应用程序开发过程，Spring 5 还专门提供了针对 Web 层的 WebFlux、针对数据访问层的 Spring Data Reactive 等开发框架。因为 Spring Security 主要用于 Web 应用程序，所以这里将对 WebFlux 展开介绍。

在 Spring Boot 中使用 WebFlux，需要引入如下依赖。

```
<dependency>
    <groupId>org.springframework.boot</groupId>
    <artifactId>spring-boot-starter-webflux</artifactId>
</dependency>
```

注意，这里的 spring-boot-starter-webflux 包是构建响应式 Web 应用程序的基础。基于 WebFlux 构建响应式 Web 服务时，开发人员有两种编程模型可供选择：第一种是基于 Java 注解的方式，第二种是函数式编程模型。其中，基于 Java 注解的方式与使用 Spring MVC 完全一致。例如下面的代码。

```
@RestController
public class HelloController {

    @GetMapping("/")
    public Mono<String> hello() {
        return Mono.just("Hello!");
    }
}
```

以上代码中，只有一个地方值得我们注意，即 hello() 方法的返回值从普通的 String 对象转化成一个 Mono<String> 对象。这点是完全可以预见的，因为使用 Spring WebFlux 与使用 Spring MVC

的不同之处在于，前者使用的类型都是 Reactor 中提供的 Flux 和 Mono 对象，而不是普通的 POJO。

传统的 Spring MVC 构建在 Java EE 的 Servlet 标准上，该标准本身就是阻塞式和同步的。而 Spring WebFlux 则是构建在响应式流及其实现框架 Reactor 上的一个开发框架，因此可以基于 HTTP 构建异步非阻塞的 Web 服务。

最后来了解一下容器支持。使用 Spring WebFlux 时，你会注意到它默认采用 Netty 作为运行时容器。这是因为 Spring MVC 运行在传统的 Servlet 容器上，而 Spring WebFlux 则需要支持异步的运行环境，如 Netty、Undertow，以及基于 Servlet 3.1 的 Tomcat 和 Jetty。

15.2　响应式 Spring Security

对 Spring Security 而言，引入响应式编程技术同样会为传统实现方法带来一些变化。如第 2 章中介绍的，UserDetailsService 的作用是获取用户信息，你可以把它理解为一种数据源，这样针对数据源的数据访问过程同样需要支持响应式。在本书中，我们将分别从响应式用户认证、响应式授权机制及响应式方法级别访问控制等维度讨论如何在 Spring Security 中嵌入响应式编程技术。

15.2.1　响应式用户认证

响应式 Spring Security 提供了一个响应式版本的 UserDetailsService，即 ReactiveUserDetails-Service，其定义如下。

```
public interface ReactiveUserDetailsService {

    Mono<UserDetails> findByUsername(String username);
}
```

注意，这里的 findByUsername()方法返回的是一个 Mono<UserDetails>对象。ReactiveUserDetails-Service 接口有一个实现类 MapReactiveUserDetailsService，该实现类提供基于内存的用户信息存储方案，实现过程如下所示。

```
public class MapReactiveUserDetailsService implements ReactiveUserDetailsService,
ReactiveUserDetailsPasswordService {
    private final Map<String, UserDetails> users;

    public MapReactiveUserDetailsService(Map<String, UserDetails> users) {
        this.users = users;
    }

    public MapReactiveUserDetailsService(UserDetails... users) {
        this(Arrays.asList(users));
    }
```

```
    public MapReactiveUserDetailsService(Collection<UserDetails> users) {
        Assert.notEmpty(users, "users cannot be null or empty");
        this.users = new ConcurrentHashMap<>();
        for (UserDetails user : users) {
            this.users.put(getKey(user.getUsername()), user);
        }
    }

    @Override
    public Mono<UserDetails> findByUsername(String username) {
        String key = getKey(username);
        UserDetails result = users.get(key);
        return result == null ? Mono.empty() : Mono.just(User.withUserDetails(result).
build());
    }

    @Override
    public Mono<UserDetails> updatePassword(UserDetails user, String newPassword) {
        return Mono.just(user)
                .map(u ->
                    User.withUserDetails(u)
                        .password(newPassword)
                        .build()
                )
                .doOnNext(u -> {
                    String key = getKey(user.getUsername());
                    this.users.put(key, u);
                });
    }

    private String getKey(String username) {
        return username.toLowerCase();
    }
}
```

可以看到，这里使用了一个 Map 来保存用户信息，然后在 findByUsername()方法中，通过 Mono. just()方法返回一个 Mono<UserDetails>对象。updatePassword()方法用到的 map()方法实际上就是 Reactor 提供的一个操作符，用于对一个对象执行转换操作。

基于 MapReactiveUserDetailsService，我们可以在业务系统中通过以下方式构建一个 ReactiveUser-DetailsService。

```
@Bean
public ReactiveUserDetailsService userDetailsService() {
    UserDetails u = User.withUsername("jianxiang")
            .password("123456")
            .authorities("read")
            .build();

    ReactiveUserDetailsService uds = new MapReactiveUserDetailsService(u);

    return uds;
}
```

当然，针对用户认证，响应式 Spring Security 也提供响应式版本的 ReactiveAuthenticationManager 来执行具体的认证流程。ReactiveAuthenticationManager 的定义如下所示。

```
public interface ReactiveAuthenticationManager {

        Mono<Authentication> authenticate(Authentication authentication);
}
```

在 Spring Security 中，ReactiveAuthenticationManager 有一个实现类 UserDetailsRepositoryReactive-AuthenticationManager，该类的 authenticate()方法如下所示。

```
@Override
public Mono<Authentication> authenticate (Authentication authentication) {
        final String username = authentication.getName();
        return this.userDetailsService.findByUsername(username)
                        //基于调度器 Scheduler 获取执行线程并执行任务
                        .publishOn(this.scheduler)
                        //过滤密码不匹配的 UserDetails 对象
                        .filter( u -> this.passwordEncoder.matches((String) authentication.
getCredentials(), u.getPassword())))
                        //如果 UserDetails 验证不通过，则直接抛出异常
                        .switchIfEmpty(Mono.defer(() -> Mono.error(new BadCredentialsException(
"Invalid Credentials"))))
                        //通过 map()方法进行对象转换
                        .map( u -> new UsernamePasswordAuthenticationToken(u, u.getPassword(),
u.getAuthorities()) );
        }
```

上述方法通过 ReactiveUserDetailsService 的 findByUsername()方法获取 UserDetails，然后通过 map()方法把它转换为一个 UsernamePasswordAuthenticationToken 对象。这里调用 Reactor 中的 publishOn()方法基于调度器 Scheduler 来获取执行线程，并通过 filter 操作符来过滤那些密码不匹配的 UserDetails 对象。

15.2.2　响应式授权机制

介绍完认证，接着来我们了解下授权。假设系统存在一个简单的 HTTP 端点，如下所示。

```
@RestController
public class HelloController {

    @GetMapping("/hello")
    public Mono<String> hello(Mono<Authentication> auth) {
        Mono<String> message = auth.map(a -> "Hello " + a.getName());
        return message;
    }
}
```

这里使用 Spring Webflux 构建了一个响应式端点。注意，hello()方法的返回值是一个 Mono

对象。同时，该端点的输入也是一个 Mono<Authentication>对象。因此，访问该端点需要认证。

已知可以通过覆写 WebSecurityConfigurerAdapter 中的 configure (HttpSecurity http)方法来设置访问权限。在响应式编程体系中，这种配置方法就无法再使用了，取而代之的是使用 SecurityWebFilterChain 的配置接口来完成配置，该接口的定义如下。

```
public interface SecurityWebFilterChain {

    //评估交互上下文 ServerWebExchange 是否匹配
    Mono<Boolean> matches(ServerWebExchange exchange);

    //一组过滤器
    Flux<WebFilter> getWebFilters();
}
```

从命名上看，SecurityWebFilterChain 表示一个过滤器链，而 ServerWebExchange 则是一种包含请求和响应的交互上下文。在响应式环境中，这种交互上下文是一种固定属性，因为可以认为整个交互过程不是单纯发送请求和接受响应，而是在交换（exchange）数据。如果想要使用 SecurityWebFilterChain，可以采用如下所示的代码。

```
@Bean
public SecurityWebFilterChain securityWebFilterChain(ServerHttpSecurity http) {
        return http.authorizeExchange()
                .pathMatchers(HttpMethod.GET, "/hello").authenticated()
                .anyExchange().permitAll()
                    .and()
                .httpBasic()
                    .and()
                .build();
}
```

这里的 ServerHttpSecurity 可以用来构建 SecurityWebFilterChain 的实例，它的作用类似于非响应式系统中所使用的 HttpSecurity。同时，ServerHttpSecurity 也提供了一组配置方法来设置各种认证和授权机制。

需要注意的是，在响应式系统中，因为处理的对象是 ServerWebExchange，而不是传统的 ServerRequest，所以在进行与请求相关的方法命名时统一做了调整。例如，使用 authorizeExchange()方法取代 authorizeRequests()，使用 anyExchange()方法取代 anyRequest()。这里的 pathMatchers()方法等同于传统的 mvcMatchers()方法。

15.2.3 响应式方法级别访问控制

第 8 章介绍了 Spring Security 的一个非常强大的功能——全局安全方法机制。通过该机制，无论是 Web 服务还是普通应用程序，都可以基于方法的执行过程来应用授权规则。而在响应式编程中，我们称这种方法级别的授权机制为响应式方法安全（reactive method security）机制，以便与传统的全局方法安全机制进行区分。

在应用程序中使用响应式方法安全机制，需要引入一个新的注解，即@EnableReactive-MethodSecurity。这个注解与@EnableGlobalMethodSecurity 注解相类似，用来启用响应式安全方法机制，如下所示。

```
@Configuration
@EnableGlobalMethodSecurity
public class SecurityConfig
```

以下是一个响应式方法安全机制的使用示例。

```
@RestController
public class HelloController {

    @GetMapping("/hello")
    @PreAuthorize("hasRole('ADMIN')")
    public Mono<String> hello() {
        return Mono.just("Hello!");
    }
}
```

可以看到，这里使用了@PreAuthorize 注解，并通过 "hasRole('ADMIN')" 这一 SpEL 表达式实现基于角色的授权机制。该注解的使用方式与传统的全局方法安全机制使用方式是一致的。不过，到目前为止，响应式方法安全机制还不成熟，只提供了@PreAuthorize 和@PostAuthorize 注解，还没有实现@PreFilter 和@PostFilter 注解。

15.3　本章小结

响应式编程是技术发展趋势，可以为构建高弹性的应用程序提供一种新的编程模式。作为 Spring 家族中的重要组成部分，Spring Security 框架同样全面支持响应式编程。本章对响应式编程的基础概念做了详细阐述，并给出 Spring Security 中关于用户认证、授权机制以及方法级别访问控制等功能的响应式解决方案。

第 16 章

测试 Spring Security

作为全书的最后一章，本章将讨论基于 Spring Security 的测试解决方案。对安全性而言，测试是一个难点，也是经常被忽略的一个技术体系。那么使用 Spring Security 时，如何验证使用的安全性功能是否正确呢？本章将给出详细的答案。

16.1　测试系统安全性

Spring Security 是一个安全性开发框架，可以提供内嵌到业务系统中的基础设施类功能。因此，Spring Security 必然会涉及业务组件与安全性功能之间的依赖关系。那么，如何有效隔离业务组件而单独验证安全性功能的正确性呢？这是安全性测试面临的最大挑战，我们需要采用特定的测试方法。为此，在介绍具体的测试用例之前，我们先来了解一下安全性测试方法，以及 Spring Security 提供的测试解决方案。

16.1.1　安全性测试与 Mock 机制

正如前面所提到的，验证安全性功能正确性的难点在于如何有效隔离组件与组件之间的依赖关系。这里引入测试领域非常重要的一个概念——Mock（模拟）。针对被测试组件涉及的外部依赖，重点在于这些组件之间的调用关系、返回的结果或抛出的异常等，而不在于组件内部的执行过程。因此，通常使用 Mock 对象来替代真实的依赖对象，从而模拟真实的调用场景。

下面将以一个常见的三层 Web 服务架构为例进一步解释 Mock 的实施方法。因为 Controller

层会访问 Service 层，而 Service 层又会访问 Repository 层，所以对 Controller 层的端点进行验证时，需要模拟 Service 层组件的功能。同样，对 Service 层组件进行测试时，也需要假定可以获取 Repository 层组件的访问结果，如图 16-1 所示。

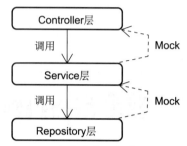

图 16-1 Web 服务中各层组件与 Mock 对象

对 Spring Security 而言，图 16-1 所展示的原理同样适用。例如，可以通过模拟用户的方式测试用户认证和授权功能的正确性。本章后续内容将会给出相关的代码示例。

16.1.2 Spring Security 测试解决方案

若想开展单元测试、集成测试以及基于 Mock 的测试，需要有一个完整的技术体系。与 Spring Boot 1.x 版本一样，Spring Boot 2.x 同样提供针对测试的 spring-boot-starter-test 组件。在 Spring Boot 中集成该组件的方法就是在 pom 文件中添加如下依赖。

```
<dependency>
    <groupId>org.springframework.boot</groupId>
    <artifactId>spring-boot-starter-test</artifactId>
    <scope>test</scope>
 </dependency>
```

通过该依赖，一系列组件被自动引入代码工程的构建路径中，包括 JUnit、JSON Path、AssertJ、Mockito、Hamcrest、JSONassert 和 Spring Test and Spring Boot Test 等，这些测试组件都非常有用，具体介绍如下。

- JUnit：一个非常流行的基于 Java 语言的单元测试框架。本章将该框架作为基础的测试框架。

- JSON Path：类似于 XPath 在 XML 文档中的定位。JSON Path 表达式通常用来检索路径或设置 JSON 文件中的数据。

- AssertJ：强大的流式断言工具，遵守 3A 核心原则，即 Arrange（初始化测试对象或者准备测试数据）→Actor（调用被测方法）→Assert（执行断言）。

- Mockito：Java 世界中一个流行的 Mock 测试框架，使用简洁的 API 实现模拟操作。实施集成测试时会大量用到这个框架。

- Hamcrest：提供了一套匹配器（Matcher），其中每个匹配器都用于执行特定的比较操作。
- JSONassert：一个专门针对 JSON 的断言框架。
- Spring Test and Spring Boot Test：为 Spring 和 Spring Boot 框架提供的测试工具。

以上组件的依赖关系是自动导入的，一般不需要做任何变动。在 Spring Boot 中，所有配置都会通过 Bootstrap 类加载，而该注解可以引用 Bootstrap 类的配置。例如，如下所示的 ApplicationContextTests 就是一个典型的测试类，该类中的 testContextLoaded()方法即一个有效的测试用例。可以看到，该用例只是简单地对 Spring 中的 ApplicationContext 做了非空验证。

```java
import org.junit.Assert;
import org.junit.Test;
import org.junit.runner.RunWith;
import org.springframework.beans.factory.annotation.Autowired;
import org.springframework.boot.test.context.SpringBootTest;
import org.springframework.context.ApplicationContext;
import org.springframework.test.context.junit4.SpringRunner;

@SpringBootTest
@RunWith(SpringRunner.class)
public class ApplicationContextTests {

    @Autowired
    private ApplicationContext applicationContext;

    @Test
    public void testContextLoads() throws Throwable {
        Assert.assertNotNull(this.applicationContext);
    }
}
```

执行该测试用例，从输出的控制台信息中可以看到 Spring Boot 应用程序正常启动，同时测试用例本身也会给出执行成功的提示。

虽然上述测试用例简单，但是已经包含测试 Spring Boot 应用程序的基本代码框架。此处的重点是 ApplicationContextTests 类的@SpringBootTest 和@RunWith 注解，接下来将详细展开介绍这两个注解。对 Spring Boot 应用程序而言，这两个注解构成了一个完整的测试方案。

上面的例子直接通过@SpringBootTest 注解对默认的 Bootstrap 类进行测试。但通常在@SpringBootTest 注解中指定具体的 Bootstrap 类，并设置测试的 Web 环境，如下所示。

```java
@SpringBootTest(classes = CustomerApplication.class,
                webEnvironment = SpringBootTest.WebEnvironment.MOCK)
```

@SpringBootTest 注解中的 webEnvironment 配置项有 4 个选项，分别是 MOCK、RANDOM_PORT、DEFINED_PORT 和 NONE。

- MOCK：加载 WebApplicationContext 并提供一个 Mock 的 Servlet 环境，内置的 Servlet 容器并没有真实启动。

- RANDOM_PORT：加载 EmbeddedWebApplicationContext 并提供一个真实的 Servlet 环境。也就是说，会启动内置容器，然后使用随机端口。

- DEFINED_PORT：这个配置也是通过加载 EmbeddedWebApplicationContext 以提供一个真实的 Servlet 环境，但使用的是指定的端口，如果没有指定端口则使用 8080。

- NONE：加载 ApplicationContext 但并不提供任何真实的 Servlet 环境。

在 Spring Boot 中，@SpringBootTest 注解主要用于测试基于自动配置的 ApplicationContext，它允许用户设置测试上下文中的 Servlet 环境。在多数场景下，一个真实的 Servlet 环境对测试而言级别过高，通过 MOCK 环境可以缓解这种环境约束所带来的成本和挑战。

在上面的示例中，我们还可以看到一个@RunWith 注解，该注解由 JUnit 框架提供，用于设置测试运行器。例如我们可以通过指定@RunWith(SpringJUnit4ClassRunner.class)让测试运行于 Spring 测试环境。

示例代码指定的是 SpringRunner.class。而该 SpringRunner 实际上是对 SpringJUnit4-ClassRunner 的简化，允许 JUnit 和 Spring TestContext 整合运行，而 Spring TestContext 则提供用于测试 Spring 应用程序的各项通用的支持功能。同样，在后续的测试用例中，我们将大量使用 SpringRunner。

介绍完 Spring Boot 测试解决方案后，接下来我们回到 Spring Security 框架。Spring Security 也提供了专门用于测试安全性功能的 spring-security-test 组件，如下所示。

```
<dependency>
    <groupId>org.springframework.security</groupId>
    <artifactId>spring-security-test</artifactId>
    <scope>test</scope>
</dependency>
```

该组件提供了一组注解来模拟用户登录信息或者调用用户登录的方法。

16.2　测试 Spring Security 功能

本节将讨论如何对 Spring Security 的常见功能进行系统测试，测试对象包括用户、认证、全局方法安全及 CSRF 和 CORS 配置。

16.2.1　测试用户

在使用 Spring Security 框架时，首先需要测试的无疑是用户的合法性。假设人们实现了如下所示的一个简单 Controller。

```
@RestController
public class HelloController {

    @GetMapping("/hello")
    public String hello() {
        return "Hello";
    }
}
```

一旦启用 Spring Security 认证功能，那么对上述"/hello"端点可以执行两种测试——面向认证用户和面向非认证用户。我们先来看一下针对非认证用户的测试方法，如下所示。

```
@SpringBootTest
@AutoConfigureMockMvc
public class HelloControllerTests {

    @Autowired
    private MockMvc mvc;

    @Test
    public void testUnauthenticatedUser() throws Exception {
        mvc.perform(get("/hello"))
                .andExpect(status().isUnauthorized());
    }
}
```

这里引入了一个@AutoConfigureMockMvc 注解。通过与@SpringBootTest 注解结合，@AutoConfigureMockMvc 注解在 Spring 上下文环境中自动装配 MockMvc 测试工具类。

顾名思义，MockMvc 工具类用来模拟 WebMVC 的执行过程。MockMvc 类提供的基础方法如下所示。

- perform：执行一个请求，自动执行 Spring MVC 流程并映射到相应的 Controller 进行处理。

- get/post/put/delete：声明发送一个 HTTP 请求的方式，根据 URI 模板和 URI 变量值得到一个 HTTP 请求，支持 GET、POST、PUT、DELETE 等 HTTP 方法。

- param：添加请求参数。注意，在发送 JSON 数据时不能使用该方式，而应该采用@ResponseBody 注解。

- andExpect：添加对结果的验证规则，通过对返回的数据进行判断来验证 Controller 执行结果是否正确。

- andDo：添加结果处理器，如调试时打印结果到控制台。

- andReturn：返回相应的 MvcResult，然后执行自定义验证或异步处理。

在上述代码示例中，我们通过 perform()、accept()和 andExpect()方法最终模拟 HTTP 请求的整个过程，并验证请求的返回状态是否为非认证用户。

接下来模拟认证用户的测试场景，如下所示。

```
@Test
@WithMockUser
public void testAuthenticatedUser() throws Exception {
        mvc.perform(get("/hello"))
                .andExpect(content().string("Hello"))
                .andExpect(status().isOk());
}
```

显然，这里有一个新的@WithMockUser 注解。注意，该注解是 Spring Security 提供的，专门用来模拟认证用户。现在，既然已经有了认证用户，那么可以验证响应的返回值及状态。

通过@WithMockUser 注解，我们还可以指定用户的详细信息。例如，如下所示的代码模拟一个用户名为 "admin"、角色为 "USER" 和 "ADMIN" 的认证用户。

```
@WithMockUser(username="admin",roles={"USER","ADMIN"})
```

针对用户信息测试，Spring Security 也提供了一个@WithUserDetails 注解，如下所示。

```
@Test
@WithUserDetails("jianxiang")
public void testAuthenticatedUser() throws Exception {
        mvc.perform(get("/hello"))
                .andExpect(content().string("Hello"))
                .andExpect(status().isOk());
}
```

可以看到，我们可以通过模拟 UserDetailsService 来提供自定义的 UserDetails 用户信息。

16.2.2　测试认证

测试完用户，接下来我们测试用户的认证过程。为了对整个认证过程有更多的定制化实现，这里针对 AuthenticationProvider 接口提供了一个实现类 MyAuthenticationProvider，如下所示。

```
@Component
public class MyAuthenticationProvider implements AuthenticationProvider {

    @Override
    public Authentication authenticate(Authentication authentication) throws Authenti-
cationException {
        String username = authentication.getName();
        String password = String.valueOf(authentication.getCredentials());

        if ("jianxiang".equals(username) && "123456".equals(password)) {
            return new UsernamePasswordAuthenticationToken(username, password, Arrays.
asList());
```

```
        } else {
            throw new AuthenticationCredentialsNotFoundException("Error!");
        }
    }

    @Override
    public boolean supports(Class<?> authenticationType) {
        return UsernamePasswordAuthenticationToken.class.isAssignableFrom(authentication-
Type);
    }
}
```

现在，基于 HTTP 基础认证机制编写测试用例，如下所示。

```
@SpringBootTest
@AutoConfigureMockMvc
public class AuthenticationTests {

    @Autowired
    private MockMvc mvc;

    @Test
    public void testAuthenticatingWithValidUser() throws Exception {
        mvc.perform(get("/hello")
                .with(httpBasic("jianxiang","123456")))
                .andExpect(status().isOk());
    }

    @Test
    public void testAuthenticatingWithInvalidUser() throws Exception {
        mvc.perform(get("/hello")
                .with(httpBasic("noexiseduser","123456")))
                .andExpect(status().isUnauthorized());
    }
}
```

这里使用了前面介绍的@AutoConfigureMockMvc 注解和 MockMvc 工具类，然后通过
httpBasic()方法实现 HTTP 基础认证。我们分别针对正确和错误的用户名/密码组合执行 HTTP 请
求，并根据返回状态对认证结果进行校验。

16.2.3　测试全局方法安全

前面讨论的内容都是面向 Web 应用程序的，也就是说，测试的对象都是 HTTP 端点。那么，
如何针对方法级别的安全性进行测试呢？

针对全局方法安全机制，@WithMockUser 注解和@WithUserDetails 注解都可以正常使用。
由于已经脱离 Web 环境，所以 MockMvc 工具类显然是无效的。这时，在测试用例中直接注入
目标方法即可。例如，假设一个非 Web 类的应用程序存在如下一个 Service 类。

```
@Service
public class HelloService {
```

```
    @PreAuthorize("hasAuthority('write')")
    public String hello() {
        return "Hello";
    }
}
```

可以看到，这里使用@PreAuthorize 注解限制只有具备"write"权限的用户才能访问该方法。现在编写针对方法访问安全的第一个测试用例，如下所示。

```
@Autowired
private HelloService helloService;

@Test
void testMethodWithNoUser() {
    assertThrows(AuthenticationException.class,
            () -> helloService.hello());
}
```

显然，当我们在没有认证的情况下访问 HelloService 的 hello()方法时，应该抛出一个 Authentication Exception 异常，上述测试用例验证了这一点。当使用一个具备不同权限的认证用户访问该方法时，对应的测试用例如下所示。

```
@Test
@WithMockUser(authorities = "read")
void testMethodWithUserButWrongAuthority() {
    assertThrows(AccessDeniedException.class,
            () -> helloService.hello());
}
```

可以看到，这里使用@WithMockUser 模拟一个具有"read"权限的认证用户，但因为 @PreAuthorize 注解中指定只有"write"权限的用户才能访问该方法，所以会抛出一个 AccessDeniedException。

最后，测试正常流程中的结果，测试用例如下所示。

```
@Test
@WithMockUser(authorities = "write")
void testMethodWithUserButCorrectAuthority() {
    Stringresult = helloService.hello();

    assertEquals("Hello", result);
}
```

现在，具备"write"权限的认证用户就能正确获取方法调用的结果了。

16.2.4　测试 CSRF 和 CORS 配置

基于第 7 章的内容，对于 POST、PUT 和 DELETE 等 HTTP 请求，我们需要添加针对 CSRF 的安全保护。为了测试 CSRF 配置的正确性，假设我们存在如下这样一个 HTTP 端点。它的 HTTP

方法是 POST。

```
@RestController
public class HelloController {

    @PostMapping("/hello")
    public String postHello() {
        return "Post Hello!";
    }
}
```

现在，通过 MockMvc 工具类发起 post 请求，如下所示。

```
@Test
 public void testCSRFUsingPOST() throws Exception {
        mvc.perform(post("/hello"))
                .andExpect(status().isForbidden());
}
```

注意，由于该 POST 请求并没有携带 CSRF 令牌，所以响应的状态应该是 HTTP 403 Forbidden。
现在，重构上述测试用例，如下所示。

```
@Test
public void testCSRFUsingPOSTWithToken() throws Exception {
        mvc.perform(post("/hello").with(csrf()))
                .andExpect(status().isOk());
}
```

注意，这里的 csrf()方法的作用是在请求中添加 CSRF 令牌，此时的响应结果应该是正确的。

讨论完 CSRF，接下来讨论 CORS。在 7.2 节中，我们已经通过 CorsConfiguration 设置了 HTTP
响应消息头，如下所示。

```
@Override
protected void configure(HttpSecurity http) throws Exception {
        http.cors(c -> {
            CorsConfigurationSource source = request -> {
                CorsConfiguration config = new CorsConfiguration();
                config.setAllowedOrigins(Arrays.asList("*"));
                config.setAllowedMethods(Arrays.asList("*"));
                return config;
            };
            c.configurationSource(source);
        });
    …
}
```

对上述配置进行测试的方法也很简单，通过 MockMvc 发起请求，然后对响应的消息头进行
验证即可。测试用例如下所示。

```
@SpringBootTest
@AutoConfigureMockMvc
public class MainTests {
```

```
@Autowired
private MockMvc mvc;

@Test
public void testCORSForTestEndpoint() throws Exception {
    mvc.perform(options("/hello")
            .header("Access-Control-Request-Method", "POST")
            .header("Origin", "http://www.test.com")
    )
    .andExpect(header().exists("Access-Control-Allow-Origin"))
    .andExpect(header().string("Access-Control-Allow-Origin", "*"))
    .andExpect(header().exists("Access-Control-Allow-Methods"))
    .andExpect(header().string("Access-Control-Allow-Methods", "POST"))
    .andExpect(status().isOk());
}
}
```

可以看到，针对 CORS 配置，我们分别获取了响应结果的"Access-Control-Allow-Origin"和"Access-Control-Allow-Methods"消息头并进行验证。

16.3 本章小结

无论应用程序的表现形式是否为一个 Web 服务，都要对其进行安全性测试，为此，Spring Security 提供了专门的测试解决方案，其中很大程度上依赖于对 Mock 机制的合理应用。本章针对 Spring Security 所提供的用户、认证、全局方法安全、CSRF 及 CORS 配置设计了测试用例并给出对应的示例代码。